新世纪高等院校实验教程系列

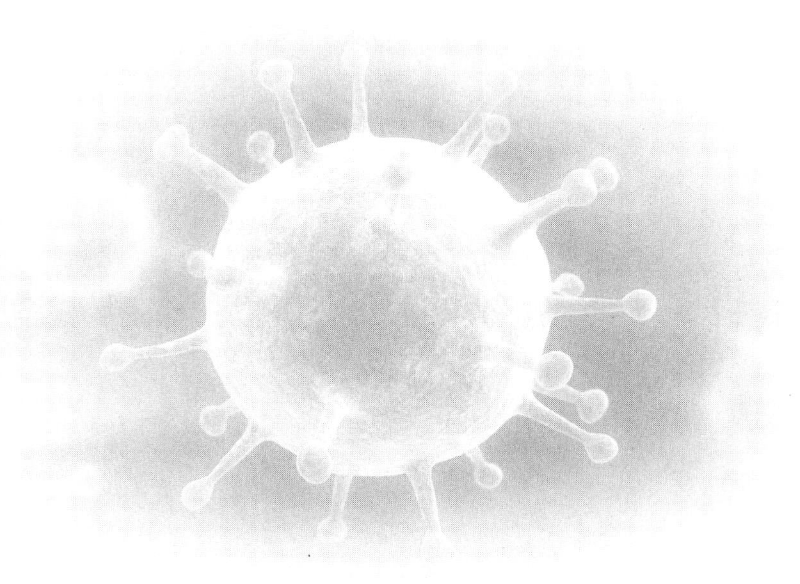

微生物学实验教程

WEISHENGWUXUE SHIYAN JIAOCHENG

○ 张尔亮　李　维　王汉臣 主编 ○

国家一级出版社　全国百佳图书出版单位

西南師範大學 出版社

图书在版编目(CIP)数据

微生物学实验教程/张尔亮，李维，王汉臣主编.—重庆:西南师范大学出版社，2012.5(2020.7 重印)

ISBN 978-7-5621-5734-2

Ⅰ.①微… Ⅱ.①张… ②李… ③王… Ⅲ.①微生物学—实验—高等学校—教材 Ⅳ.①Q93—33

中国版本图书馆 CIP 数据核字(2012)第 072359 号

微生物学实验教程

张尔亮　李维　王汉臣　主编

责任编辑:杜珍辉

封面设计:戴永曦

照　　排:李　燕

出版发行:西南师范大学出版社

重庆·北碚　邮编:400715

网址:www.xscbs.com

印 刷 者:重庆长虹印务有限公司

幅面尺寸:185mm×260mm

印　　张:10.75

字　　数:240 千字

版　　次:2012 年 6 月　第 1 版

印　　次:2020 年 7 月　第 4 次印刷

书　　号:ISBN 978-7-5621-5734-2

定　　价:39.00 元

编委会 / BIAN WEI HUI

主　编：张尔亮　李　维　王汉臣

副主编：刘　刚　李林辉　龚明福

黎　勇　何　颖　王　丹

参　委（按姓氏笔画为序）：

王　丹（成都医学院）

王汉臣（重庆师范大学）

王　燕（乐山师范学院）

刘　刚（四川师范大学）

李林辉（西华师范大学）

李　维（四川师范大学）

张尔亮（四川师范大学）

陈希文（绵阳师范学院）

张晓渝（四川师范大学）

何　颖（西南大学）

殷建华（成都医学院）

龚明福（乐山师范学院）

黄春萍（四川师范大学）

葛芳兰（四川师范大学）

黎　勇（内江师范学院）

前　言 / QIAN YAN

随着素质教育的提出，实践能力和创新意识的培养已成为现代高等教育质量工程的核心内容。微生物学实验是生命科学相关专业的重要基础课程，许多新兴学科和产业，如分子生物学、分子遗传学、生物信息学和生物工程学，以及农业、食品、环境和医学等都需要微生物学实验技术的相关训练。所以开设微生物学实验课程不仅能作为微生物学理论课程的配套，更是培养学生动手能力、实践能力和创新能力的重要手段。

《微生物学实验教程》按照实验教学的需要，既符合实验的系统性，又能满足理论课教学的同步性，并尽可能反映本学科教学改革的发展方向，旨在加强学生各方面能力的锻炼，从培养学生的独立性和创造性出发，以提高学生的科学素养和实际工作能力以及发现问题、分析问题和解决问题的能力。

本书按照学生认知过程的发展规律和本学科所涉及的知识点以及创新性人才培养的要求，将实验项目分为基础性、综合性、研究性三个层次，并对其进行了整合和精选，既要以基础实验为前提，又要反映出实验教材的先进性、启发性和创新性，加强综合性、研究性实验，适当增加部分新技术，尽可能体现出基础性、应用性、拓展性和先进性，以便学生能够验证和强化微生物学的基础知识，受到微生物学基本技能和技术的训练，培养其自主性学习和研究性学习的能力。

本书设三篇，共包括二十四个大实验，有的实验还含若干小实验。通过对本实验教程的学习，学生能掌握相关微生物学基础和拓展实验方面的知识和技能，能受到相关微生物学实验系统、科学的训练，有利于学生综合素质的提高和科学思维方法的形成及创新能力的培养，为后续相关课程的学习打下良好的基础。本书适合作为高等院校生物科学与工程类、食品科学与工程类、环境科学与工程类以及农学类和医学类等本科学生的微生物学实验教材，也可供研究生、科研人员和教学人员参考。

本书由西南大学、四川师范大学、西华师范大学、重庆师范大学、乐山师范学院、内江师范学院、绵阳师范学院和成都医学院等多所院校长期从事微生物学教学和科研的教师编著。虽然所有参编人员都作了很大的努力，但由于水平有限，疏漏、错误和不足之处在所难免，恳请读者批评指正。

编者

2012年5月于四川师范大学

目 录

CONTENTS

第三篇　研究性实验

附录

实验的基本要求

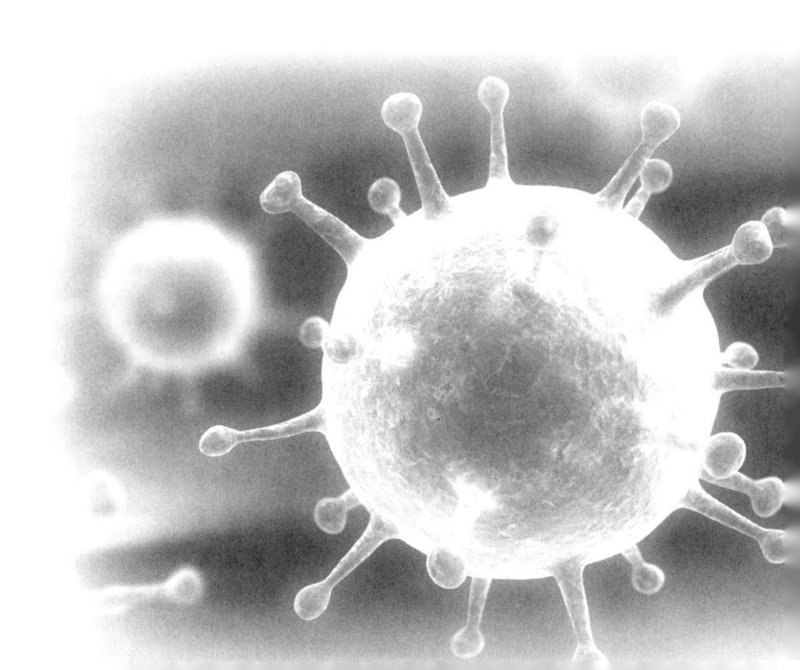

微生物学实验须知

普通微生物学实验课的主要目的是通过实验使学生熟练掌握微生物学研究的基本方法和操作技能；加深学生对微生物学基本理论和基本知识的理解；提高学生观察、思考、分析和解决问题的能力，形成良好的实验习惯；培养学生实事求是的科学态度和严谨的工作作风。

为了保证微生物学实验课的教学质量和安全，达到上述实验教学目的，特提出如下注意事项。

(1)每次实验前须认真预习实验内容，弄清楚实验目的和实验原理以及实验的操作步骤和注意事项。

(2)在实验过程中，经常会接触到一些致病性的和非致病性的微生物，应穿戴工作衣帽；接种环、接种针等器械，用前用后必须置火焰中灼烧，以防止污染和感染。

(3)每次实验均要自己动手，认真完成每一个步骤，仔细观察实验中出现的各种现象，以科学的态度，运用理论知识认真思考和分析，及时做好实验记录。若有疑问，主动向指导教师提出，并共同分析原因。

(4)实验中需进行培养的材料，应标明自己的组别、日期等，放于指定的地点进行培养。实验室中所有菌种和物品不得随意带出实验室，若必须带出时，应严格按规章制度操作。

(5)严格遵守实验室管理规定，勿高声谈话和随便走动，保持室内整洁、安静。

(6)酒精、丙酮等易燃药品要严格按照实验安全的要求小心使用，远离火源，电炉用完后应立即断电。

(7)对发酵罐、显微镜、天平、计数器等各种仪器设备要特别爱护，须熟悉操作规程，细心操作、保持整洁。各种仪器使用完毕后要放回原处，填好使用记录。若有损坏，应立即报告指导教师，如实反映原因，填写仪器损坏登记表。

(8)实验操作完毕后，及时清理现场和实验用具，对染菌物品进行消毒灭菌处理。

(9)实验课结束后，须以实事求是的科学态度整理实验数据，认真撰写实验报告，文字力求简明准确，并及时交指导教师批阅。

(10)离开实验室前要注意将手洗净，并关闭门窗、灯、火和气等。

(四川师范大学　李维　葛芳兰)

显微技术

显微技术(microscopy)是利用光学系统或电子光学系统设备，观察肉眼所不能分辨的微小物体形态结构及其特性的技术。

原始的光学显微镜是一个高倍率的放大镜。据记载，在1610年前意大利物理学家伽利略已制作过一种具有目镜、物镜和镜筒等装置的复式显微镜，用于观察昆虫的复眼。荷兰人A. van. 列文虎克制作了不少于247架显微镜，观察了许多细菌、原生动物和动植物组织，他是第一个用显微镜做科学观察的人。到18世纪显微镜已有许多改进，应用比较普遍。

1872～1873年，德国物理学家和数学家E.阿贝提出了光学显微镜的完善理论，从此，镜头的制作可按预先的科学计算进行。德国化学家O.肖特成功地研制出供制作透镜的优质光学玻璃。他们和德国显微镜制作家卡尔·蔡司合作，建立了蔡司光学仪器厂，于1886年生产出具复消色差的油镜，达到了现代光学显微镜的分辨限度。

从19世纪后期至20世纪60年代发展了许多类型的光学显微镜，如：偏光显微镜、暗视场显微镜、相差显微镜、干涉差显微镜、荧光显微镜。此外，还有许多特殊装置的显微镜，例如在细胞培养中特别有用的倒置显微镜。20世纪80年代后期又发展了一种同焦扫描激光显微镜，结合图像处理，可以直接观察活细胞的立体图，是光学显微镜的一大进展。

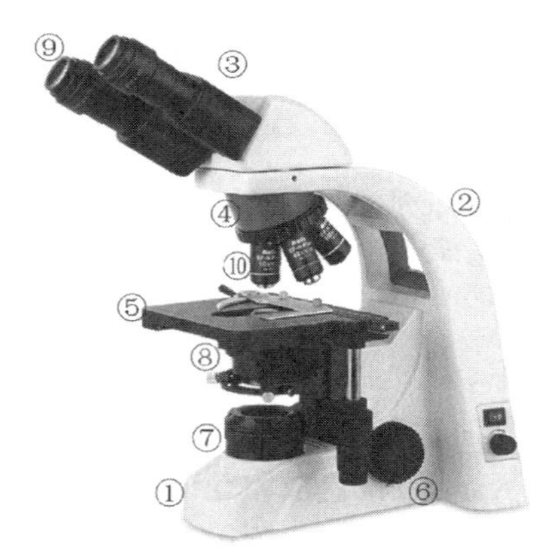

图0-1　普通光学显微镜的构造

①镜座，②镜臂，③镜筒，④物镜转换器，⑤载物台，⑥调焦旋钮，⑦下聚光器，⑧上聚光器，⑨目镜，⑩物镜

一、普通光学显微镜技术

（一）普通光学显微镜的结构

1.机械系统

普通光学显微镜的机械系统主要由镜座、镜臂、镜筒、物镜转换器、载物台、标本移动螺旋、粗调螺旋和微调螺旋等部件组成，见图0-1。

（1）镜座：是显微镜的底座，用以支撑整个显微镜。镜座内安装有光源系统，其一端和镜臂相连。

（2）镜臂：是支撑和固定镜筒、物镜转换器、载物台及调焦螺旋的弯曲状结构，也是移动显微镜时右手握持的位置。

（3）镜筒：是显微镜最上方的圆筒状结构，其上端装入目镜，而下端则连接物镜转换器。显微镜分为单筒和双筒两种。当使用双筒显微镜观察时，可以通过调节调距装置改变镜筒之间的距离，从而适应瞳距不同的观察者。从镜筒上缘到物镜转换器螺旋口之间的距离称为机械筒长。普通光学显微镜的标准筒长被定为160 mm，并标注于物镜上。

（4）物镜转换器：是连接于镜筒下端的圆盘状结构，可顺序安装3～5个物镜（低倍、高倍、油镜）。使用时可以根据需要转动转换器，将其中合适的物镜旋入光路中，从而使物镜和目镜构成放大系统。当物镜入位时，可以听到“咔”的一声清脆响声。

（5）载物台：固定于镜臂上的方形平台（圆形的平台往往更贵，其常可以同轴旋转），并位于物镜转换器下方。载物台中央开孔，来自下方的光线可以通过此孔照射到标本上。载物台台面上安装有玻片标本夹，用于固定玻片标本。载物台侧下面安装有两个标本夹移动旋钮，分别控制标本夹的前后和左右移动，便于观察标本上的任意位置。标本夹滑动的横向和纵向齿条上刻有刻度，以此构成精密的平面坐标系。观察时可以通过该游标尺记录下观察对象的坐标位置，从而可以实现重复观察。

（6）调焦旋钮：安装于镜臂两侧下端，左右对称各一套，用于调节物镜和标本的距离，使清晰的物像呈现于视野之中。调焦旋钮分为粗调旋钮和微调旋钮两种。旋转粗调螺旋会使载物台以较大幅度和较快速度升降。调到焦点附近时微调旋钮，微调旋钮每旋转一圈镜筒只会移动0.1 mm，便于调节出清晰的物像。通常先用粗调旋钮调焦找到模糊的物像，然后再用微调旋钮使物像清晰。

2.光学系统

普通光学显微镜的光学系统主要由光源、聚光器、光圈、物镜、目镜等部件组成（图0-2）。

（1）光源

在显微镜的镜座中央安装有灯泡，提供观察所需的光。在镜座周侧有电源开关和控制灯泡亮度的旋钮。

(2) 聚光器

聚光器位于载物台下方，能将光源射来的光线会聚起来，集中于标本上，增强对标本的照明，也增强了视野的亮度。在聚光器的旁边，有一调节螺旋，旋动它可以使聚光器上下移动，用于调节光线的强弱。向上移动聚光器可使光亮度增强，反之则减弱。

(3) 光圈

光圈也称虹彩光阑或孔径光阑，由十几张金属薄片组成，通过推动其外侧伸出的小柄来调节孔径的大小，从而控制进入聚光器的光束大小。有些显微镜的光圈下方还安装有放置滤光片的支架，可以根据需要放入不同颜色的滤光玻片。

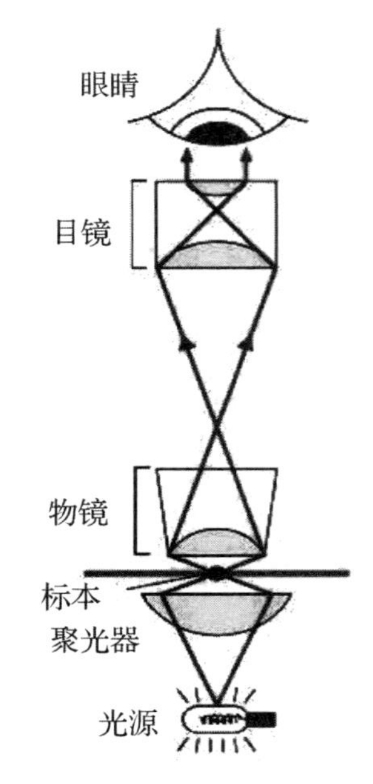

图 0-2　普通光学显微镜的光学系统

(4) 目镜

放置在镜筒的上端，又称为接目镜。每个目镜由两块透镜组成，上面一块称为接目透镜，下面一块称为会聚透镜。在上下透镜之间，或在会聚透镜的下端安装有金属制成的环状光阑，称为视场光阑。物镜所放大的实像便落在视场光阑的面上。在这个视场光阑的面上还可以安装目镜测微尺。目镜的放大倍数一般为“5×”、“10×”和“15×”，最常用的是“10×”目镜。显微镜的总放大倍数是目镜的放大倍数和物镜的放大倍数的乘积。

(5) 物镜

安装在镜筒下端的物镜转换器上，又称为接物镜。每台普通光学显微镜一般配置有3～4个不同放大倍数的物镜。根据物镜与标本之间的介质不同，物镜分为干燥系物镜和油浸系物镜。介质为空气(折光率 $n=1$)的物镜，即为干燥系物镜，包括低倍镜和高倍镜。介质为香柏油(折光率 $n=1.51$)的物镜，即为油浸系物镜，也称为油镜。香柏油的折光率和玻璃的折光率($n=1.52$)近似。油镜的镜头上标有“oil”，下端边缘刻有黑圈，以区别于干燥系物镜。油镜在使用时需要将镜头顶端浸入滴加在覆盖标本的盖玻片上的香柏油中，方能得到清晰物像。物镜的性能参数被标注在镜头侧面，主要有放大倍数和数值孔径(NA)，例如 10/0.25、40/0.65、100/1.25 等等。常用的低倍镜放大倍数有“10×”、“20×”，高倍镜放大倍数有“40×”、“45×”，油镜放大倍数有“90×”、“100×”。数值孔径是物镜与标本介质折射率和物镜镜口角 α 的一半的正弦的乘积($NA=n\cdot\sin(\alpha/2)$)。数值孔径的数值越大，镜头分辨率越高。

（二）普通光学显微镜的成像原理

普通光学显微镜通过目镜和物镜两组透镜系统来放大成像，因此又称为复式显微镜。标本（O）通过物镜（L_1）形成放大倒立的实像（I_1）；目镜（L_2）对实像（I_1）再次放大，在明视距离（虚像 I_2 和眼睛的距离为显微镜的明视距离）处形成一个与标本像相反的放大虚像（I_2）。人眼通过显微镜看到的像就是由标本 O 放大了的虚像 I_2，见图 0-3。

（三）显微镜的性能

1.放大倍数

标本通过显微镜的放大倍数（V）是物镜放大倍数（V_1）和目镜放大倍数（V_2）的乘积，即：$V= V_1 \cdot V_2$。例如，物镜放大 40 倍，目镜放大 10 倍，则总放大倍数为 400 倍。

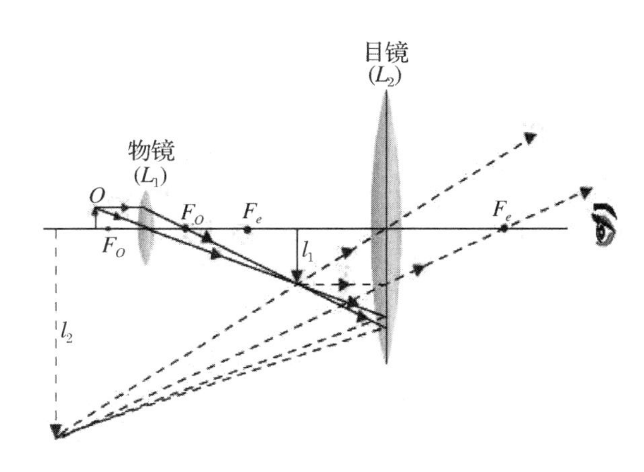

图 0-3　普通光学显微镜的成像原理

2.数值孔径

数值孔径又称镜口率，是物镜与标本介质折射率和物镜镜口角 α 的一半的正弦的乘积，简称 NA。计算公式：$NA=n \cdot \sin(\alpha/2)$，$NA$ 为数值孔径值，n 为物镜和标本间的介质折射率，α 为物镜镜口角。

3.分辨率

显微镜的分辨率是指显微镜能辨别两点之间的最小距离的能力，可表示为：

$$R=\lambda/2NA=\lambda/2n\sin(\alpha/2)$$

式中：R 为分辨率，λ 为光波波长，NA 为物镜的数值孔径值，n 为介质折射率，α 为物镜镜口角。

日光的波长 $\lambda=0.560\ 7\ \mu m \approx 0.6\ \mu m$，若物镜的 $NA=1.4$，则 $R=0.6/2\times 1.4=0.22\ \mu m$。

4.工作距离

工作距离指观察标本最清晰时，物镜的透镜下表面与盖玻片上表面之间的最短距离。物镜的放大倍数越大，其工作距离越短。油镜的工作距离约为 0.2 mm。

5.焦点深度

焦点深度简称焦深，指通过显微镜观察标本时有一个最清晰的物像，这个物像处于被称为目的面的像面上。在目的面上下一定距离内，还可以看见模糊的物像，这个距离被称为焦点深度。物镜的焦点深度和数值孔径以及放大倍数成反比。

(四)油镜的工作原理

当使用高倍镜不能观察到微生物的清晰物像时,就需要使用油镜。与低倍镜和高倍镜相比,油镜在使用时必须在盖玻片和镜头之间滴加镜头油,例如香柏油。

油镜的工作原理(见图 0-4),主要有以下两点。

1.增加光照强度

空气的折射率为 1,玻璃的折射率为 1.52。当盖玻片与油镜镜头之间的介质为空气时,因为空气和玻璃的介质密度差异较大,所以透过盖玻片进入空气的光线会发生折射,从而导致进入镜头的光线较少。视野的光照强度不够,物像也就不清晰了。为了使透过盖玻片的光线在进入镜头前尽量减少损失,就需要在盖玻片和油镜镜头之间滴加和玻璃折射率相近的介质。通常使用香柏油(折射率为 1.51)、液体石蜡(折射率为 1.48),与玻璃的折射率相似。

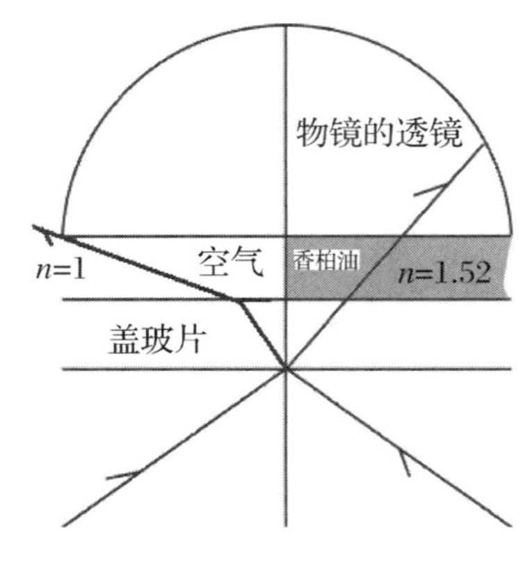

图 0-4 油镜的工作原理

2.增加显微镜的分辨率

显微镜的分辨率是指显微镜能辨别两点之间的最小距离的能力,可表示为:

$$分辨率=\lambda/2NA, NA=n\cdot\sin(\alpha/2)$$

式中:λ 为光波波长,NA 为物镜的数值孔径值,n 为介质折射率,α 为物镜镜口角。

光波波长和物镜镜口角不变,但标本和镜头之间的介质可以发生改变。香柏油的折射率比空气大,从而使油镜的数值孔径值高于低倍镜与高倍镜,其分辨率也相应提高,可以达到 0.2 μm。

(五)普通光学显微镜的操作

1.观察前准备

(1)显微镜放置

将显微镜从存放柜中拿出,右手紧握镜臂,左手托着镜座,将显微镜竖立着搬移到实验台上。显微镜通常被放置于观察者的左前方,离实验台边缘大约 10 cm。观察者右前方放实验记录册,便于记录观察结果。

(2)选择物镜

电源线插头接上插座后,打开显微镜的电源开关,旋转物镜转换器,将低倍镜(10×)转入光路之中。

(3)光源调节

将虹彩光圈开到最大位置,同时上升聚光器。一边用左眼观察目镜中视野的亮度,一边调节控制光源灯泡亮度的旋钮,直到视野中光亮强度适宜为止。

(4)目镜间距调节

由于观察者双眼间距不同,所以在观察前需要调节目镜间距,以使双眼看到的两个视野重叠为一个,从而防止观察疲劳。调节时,一边用双手移动目镜镜筒,一边观察左右视野是否重叠为一个。

(5)聚光器调节

调节聚光器,使虹彩光圈值与物镜的数值孔径值相一致。在标本聚焦后,将目镜取下,关闭虹彩光圈,然后慢慢打开,使光圈的边缘和物镜边缘黑圈正好相切,以便充分发挥物镜的分辨力。放大倍数不同的物镜,其数值孔径值也不同,因此每转换一次物镜都需要进行类似调节,从而更好地观察标本。

2.标本观察

(1)放置标本

旋转粗调螺旋,下降载物台。将玻片标本的盖玻片一面朝上,放入载物台上的标本夹中夹住。然后旋转标本夹移动螺旋,可以控制标本的前后左右移动,从而将观察区域移入光路中,处于物镜的正下方,以便后续观察。

(2)低倍镜观察

观察标本时,先用低倍镜,再用高倍镜,最后才使用油镜。使用低倍镜,可以看到较大的视野,容易发现观察对象所处位置。

将头偏向右侧,双眼观察载物台和物镜的距离,避免载物台上升过快过猛而造成镜头压碎标本片。用手旋转粗调螺旋,使载物台上升,直至物镜和玻片标本距离约为 10 mm 处。然后双眼观察目镜,缓慢转动粗调螺旋,使载物台继续上升,直到视野中出现模糊的物像。最后转动微调螺旋,使物像清晰。旋动标本夹移动螺旋,寻找比较典型的观察对象。

(3)高倍镜观察

转动物镜转换器,将高倍镜置入光路中。操作时,将头偏向右侧,双眼观察载物台和物镜的距离,以防止高倍镜镜头与玻片碰撞。观察目镜,通常会看到一个模糊的物像,此时调节微调螺旋,便可得到清晰的物像。如果视野光照强度不够,可调节光源旋钮。更换玻片标本则需先降下载物台后方可操作。

(4)油镜观察

旋转粗调螺旋,降下载物台。转动物镜转换器,使高倍镜离开光路。在需要观察的盖玻片上滴加一滴香柏油,然后将油镜转入光路中。头偏向右侧,一边观察载物台和物镜的距离,一边旋动粗调螺旋上升载物台,使油镜镜头浸入香柏油中,几乎接触到玻片标本。观察目镜,缓慢旋转粗调螺旋,使载物台下降,当物像出现后改用微调螺旋调节,直至物像清晰。

(5)观察记录

左眼观察,右眼看着实验报告册记录观察结果。

3.观察后处理

(1)镜头擦拭

油镜使用完毕后,降下载物台,取下玻片标本,将油镜转离光路。先用擦镜纸擦拭油镜镜头上的香柏油,然后再用蘸有少许二甲苯的擦镜纸擦拭镜头,最后用干净的擦镜纸擦去残留的二甲苯或香柏油。

(2)标本玻片擦拭

对于有盖玻片的标本玻片,可以按照上面的擦拭方法擦去香柏油。对于无盖玻片的标本玻片,则需要采用拉纸法擦去香柏油,即先将擦镜纸盖在油滴上,再向纸上滴加二甲苯,然后将擦镜纸往外提拉3次或3次以上,直到擦净油滴为止。

(3)显微镜还原

将显微镜各部位还原为使用前的状态。把镜头转成“八”字形,并上升载物台到最高处。下降聚光器,关闭虹彩光圈,将控制光源灯泡亮度的旋钮调至最小,关闭电源,拔下插头。将显微镜套上防尘罩,并平稳移入存放柜中。

4.普通光学显微镜的维护

光学显微镜是精密的科学仪器,只有正确使用和科学维护才能延长显微镜的使用寿命。

(1)显微镜要用防尘罩罩上,避免灰尘沉积到目镜和物镜上。如果镜头上附有灰尘,应及时用擦镜纸擦干净。定期用绸布擦拭显微镜的金属和塑料部件,以保持显微镜的清洁。

(2)显微镜要放置在通风干燥的地方,要避免阳光直接照射或曝晒,也要注意防潮防霉。可以在镜箱内放置干燥剂,并经常更换。

(3)显微镜不能和强酸、强碱等挥发性、腐蚀性化学药品放在一起,避免损坏机体部件。

(4)不得任意拆卸显微镜上的零件,严禁随意拆卸物镜镜头。

(5)显微镜应避免震动,使用时要轻拿轻放。

(六)注意事项

(1)使用前必须熟悉光学显微镜的操作规范。

(2)取拿显微镜时,右手握镜臂,左手托镜座,保持显微镜的竖立状态。显微镜不能倾斜,否则目镜会从镜筒上端滑出。

(3)观察时,两眼同时睁开,左眼观察,右眼绘图。

(4)一旦使用显微镜观察就不能随便移动显微镜的位置。

(5)转换物镜镜头时,不要用手搬动镜头,而是用大拇指和中指转动物镜转换器。
(6)在使用高倍镜时,慎用粗调螺旋,以免移动距离过大,损坏物镜镜头和玻片。
(7)观察完毕后,必须将显微镜复原后才能放回镜箱保存。

(七)实验报告

在实验报告册上用圆规画出直径 4 cm 的圆圈作为视野。将低倍镜、高倍镜和油镜下观察到的标本形态分别画在圆圈中,并注明菌种名称、菌体染色情况和放大倍数。对于描绘的特殊结构,要在其旁边用文字说明。

(八)思考题

(1)使用显微镜观察标本时,为什么必须按从低倍镜到高倍镜再到油镜的顺序进行?
(2)油镜与普通物镜在使用方法上有何不同?应特别注意些什么?
(3)如果标本放反了,可用高倍镜或油镜找到标本吗?

二、其他显微镜

(一)暗视野显微镜

暗视野显微镜(Dark Field Microscope)又称为超显微镜,其基本原理是应用丁达尔效应。当一束光线穿过黑暗的房间,从垂直于入射光的方向可以观察到空气里有一条明亮的灰尘"光路",这种现象即丁达尔效应。

在普通光学显微镜上安装特别的暗视野聚光器,便成为了一台暗视野显微镜。暗视野聚光器分为心形和抛物线形两种。暗视野聚光器可以使照射标本的光线不能直接射入物镜,而只有标本表面的散射光才能进入物镜,因此视野是黑暗的。当光路系统中没有标本时,视野黑暗;当有标本时,标本衍射回的光和散射光在黑暗的背景中明亮可见。观察者通过目镜看到的是标本的衍射光图像(图 0-5)。

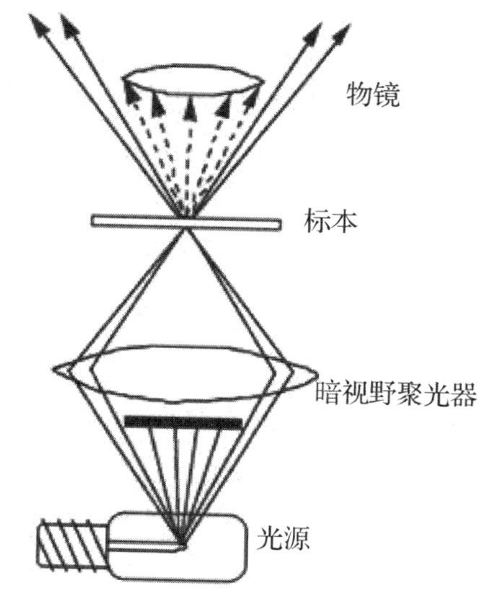

图 0-5 暗视野显微镜的成像原理

暗视野显微镜能分辨 4 nm 以上的微粒,但不能观察细菌内部的结构,仅能看到细菌的存在、运动和表面特征,因此常用于观察活细菌的运动。在临床病原学诊断中,暗视野显微镜一般用于苍白密螺旋体的检查。

暗视野显微镜的使用方法如下。

1. 安装暗视野聚光器

取下原有聚光器，换装上暗视野聚光器。上升聚光器，使透镜顶端与载物台平齐。

2. 调节光源

将光圈开至最大，增强光照强度。

3. 放置标本

玻片标本的载玻片厚度以 1.0～1.2 mm 为宜，盖玻片厚度不能超过 0.17 mm。在聚光器透镜顶端加一滴香柏油，再将玻片标本放在载物台的标本夹上，使标本载玻片的下表面与聚光器上的香柏油接触，不能有气泡产生。

4. 低倍镜对光

首先可以看到载玻片上有一个中间为黑点的光圈，这时需要水平移动聚光器，使聚光器的光轴与显微镜的光轴位于同一直线上。然后调节聚光器的高度，使中间为黑点的光圈变为一个圆形光点，直至光点最小，即为观察的准确位置。此时上下移动聚光器，光点都会增大。

5. 观察

操作与普通光学显微镜类似。

（二）相差显微镜

当使用普通显微镜观察活菌体细胞时，由于活菌体细胞透明，光线通过不会发生波长和振幅的变化，整个视野亮度均匀，难于分辨出细胞的形态和内部结构。为了解决这个问题，1935 年荷兰科学家 Zernike 发明了相差显微镜（Phase Contrast Microscope），用于观察活细胞和未染色标本。

活菌体细胞各部位的折射率不同，光线透过细胞后，直射光和衍射光出现相位差。相差显微镜利用光的干涉现象，通过其环状光阑和相板将光的相位差转变为人眼可见的振幅差，透明的活菌体呈现出明暗差异，这样一来便可以用于观察活细胞内部的结构。

1. 相差显微镜的成像原理

从光源射出的光，穿过相聚光器上的环状光阑进入聚光镜，并照射载物台上的标本。光线经过标本后，会产生直射光和衍射光，直射光在物镜后焦平面的相板直射光区形成亮环，衍射光则聚焦于相板的衍射光区。相板将直射光和衍射光进行相位和强度处理，使其发生光的干涉，从而把相位差变为振幅差，形成肉眼可见的物像（图 0-6）。

2. 相差显微镜特有的装置

相差显微镜同普通光学显微镜相比，具有四种必备部件：相聚光器、相差物镜、合轴调节望远镜和绿色滤光片。

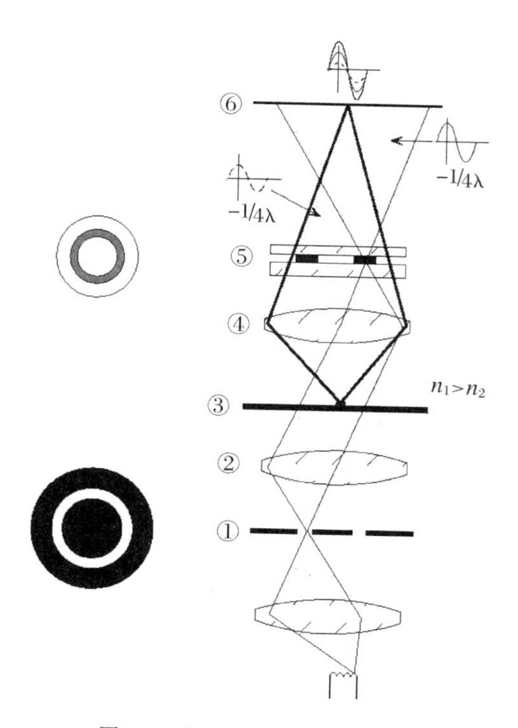

图 0-6　相差显微镜的光路示意

①环状光阑，②相聚光器，③标本，④物镜，⑤相板，⑥中间像平面

(1)相聚光器

相聚光器位于显微镜的载物台下，由环状光阑、聚光镜和明视场光阑构成。环状光阑在聚光镜的下面，由多个环状通光孔构成，集成在一个可旋转的转盘上。环状光阑的直径大小不同，与相差物镜的不同放大倍数相匹配。环状光阑转盘的不同部位标示有 0、1、2、3、4 或 0、10、20、40、100 字样，通过转盘前端的小窗呈现给观察者。“0”表示非相差的明视场的普通光阑，1 或 10、2 或 20、3 或 40 和 4 或 100，表示不同规格的环状光阑与相匹配的不同放大倍数的相差物镜。使用时，用手转入相应规格的环状光阑和物镜即可观察。

(2)相差物镜

在物镜内部的后焦平面上安装有相板。相板上有两个区域，直射光通过的部分叫“共轭面”，衍射光通过的部分叫“补偿面”。相板上镀有两种不同的金属膜，分别是吸收膜和相位膜。两种膜按照不同的镀法，可以得到不同类型的相差物镜，主要有负高、负中、正低、正低低四种类型相差物镜。

(3)合轴调节望远镜

合轴调节望远镜用于调节环状光阑的圆环(亮环)与相差物镜相板的共轭面圆环(暗环)的重叠。如果环状光阑与相板不同轴，那么将会出现直射光不被吸收，而衍射光却被吸收的现象，导致成像失败。使用时先取下一侧目镜，然后插入合轴调节望远镜，接着转动合轴调节望远镜的焦点，可以看到一亮一暗两个圆环，最后旋转聚光器上环状光阑的调节钮，使环状光阑的圆环（亮环）与相差物镜相板的共轭面圆环（暗环）重叠。

（4）绿色滤光片

照射标本的光线波长不同，会引起相位变化，影响观察效果。为了提高相差显微镜的性能，需要使用波长范围比较窄的单色光。因此在使用相差物镜时，通常在光路中放入绿色滤光片，吸收红光和蓝光，只透过绿光。

3. 相差显微镜的使用方法

（1）挑选适宜的相差物镜。

（2）将玻片标本放置于载物台上，调节光轴中心。

（3）取下一侧目镜，放入合轴调节望远镜，对环状光阑与相板进行合轴调节，然后取出合轴调节望远镜，换上目镜。每次更换不同放大倍数的物镜时，都必须重新进行合轴调节。

（4）放置绿色滤光片，进行观察。操作步骤类同普通光学显微镜。

（三）荧光显微镜

荧光显微镜（Fluorescence Microscope）就是利用一个 200 W 的超高压汞灯作为光源，经过激发滤板后发出一定波长的光来作为激发光，使标本中的荧光物质发出各色荧光，再通过物镜后面的压制滤板的过滤，观察者便可以由目镜观察到标本的荧光图像。

所谓荧光是指某些物质在一定波长的光（如紫外光）照射后，会吸收能量并跃迁至激发态，当其由激发态回到基态时，物质就会把吸收的能量以光辐射的形式释放出来，这种释放出来的可见光波长比照射光更长，称之为荧光。细菌细胞产生荧光有两种情况：一是细胞内某些物质具有可吸收能量的生色团，经紫外线照射后便可发出荧光，称为自发荧光（或直接荧光）；二是以某些荧光染料对细胞染色，经紫外线照射后发出荧光，称为次生荧光（或间接荧光）。

1. 荧光显微镜特有的装置

（1）滤色系统

滤色系统是荧光显微镜的重要部位，由激发滤板和压制滤板组成。

1）激发滤板

根据光源和荧光色素的特点，分为紫外光激发滤板，紫外蓝光激发滤板，紫蓝光激发滤板。

根据滤板的薄厚特点，分为薄滤板和厚滤板。暗视野选用薄滤板，亮视野选用厚滤板。

2）压制滤板

压制滤板能够吸收和阻挡激发光进入目镜，而且还能让某些特定波长范围的荧光透过。常用的 3 种压制滤板：紫外光压制滤板，紫蓝光压制滤板，紫外紫光压制滤板。

(2)聚光器

荧光显微镜专有的聚光器包括明视野聚光器、暗视野聚光器、相差荧光聚光器。

(3)物镜和目镜

最好使用消色差和镜口率大的物镜。目镜常用低倍目镜,例如 5× 和 6.3×。

2. 荧光显微镜分为透射式和落射式两种

(1)透射式荧光显微镜:激发光源通过聚光器照射标本来激发荧光。其低倍镜时荧光强,而高倍镜时荧光减弱。所以适用于观察较大的标本,不适宜非透明的标本。

(2)落射式荧光显微镜:激发光从物镜向下照射标本,即物镜不仅具有照明和聚光作用,而且还能收集荧光。这样一来,无论低倍镜还是高倍镜,都可以实现整个视野的均匀照明,成像也清晰(图 0-7)。

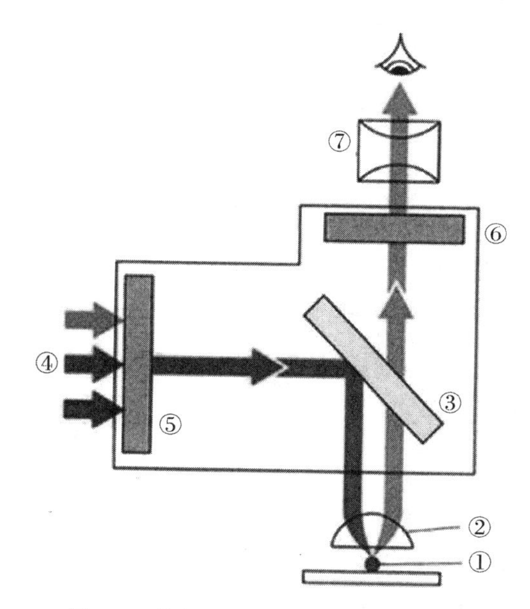

图 0-7 落射式荧光显微镜的原理示意

①标本,②物镜,③分色镜,④光源,⑤激发滤色镜,⑥吸收激发光滤色镜,⑦目镜

3. 常用荧光染料

使用荧光显微镜观察时,常用的荧光染料有:吖啶橙、中性红、金胺、品红、EB、硫代黄素、樱草素、荧光素双醋酸酯、若丹明 123 等。

(四)电子显微镜

1931 年,厄恩斯特·卢斯卡和马克斯·克诺尔等发明了第一台透射电子显微镜(Electron Microscope)。电子显微镜根据电子光学原理,分别用电子束和电子透镜代替普通显微镜的可见光束和光学透镜,从而使物质的细微结构在非常高的放大倍数下成像,见图 0-8。

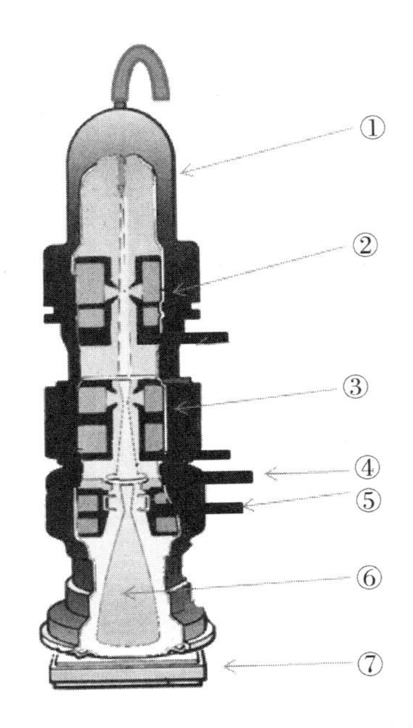

图 0-8 透射电子显微镜的原理示意

①电子枪,②第一聚光镜,③第二聚光镜,④样品室,⑤物镜,⑥电子束,⑦荧光屏和照相设备

人眼分辨的最小距离是 0.2 mm,普通光学显微镜能分辨的最小距离是 0.2 μm,小于 0.2 μm 的结构被称为亚显微结构或超微结构,普通光学显微镜不能观察病毒和细菌的细胞器。要观察更小的结构,就需要波长更短的光源,电子显微镜使用电子束代替可见光作为光源,其波长远比可见光短,因此分辨率远高于光学显微镜,可达 0.2 nm。

1. 电子显微镜的基本结构

(1)镜筒,主要由以下部件构成:

1)电子枪,发射速度均匀的电子束。

2)电子透镜,是指一个垂直于镜筒轴线的电场或磁场。能够使通过它的电子束向轴线弯曲形成聚焦,类似于光学显微镜的透镜聚焦作用,因而称为电子透镜。

3)样品架,放置待观察的标本。

4)荧光屏。

5)照相装置,收集电子信号。

(2)真空系统,电子显微镜内部的真空状态是保障其正常工作的必要条件,由机械真空泵、扩散泵和真空阀门等构成。

(3)电源柜,由高压发生器、励磁电流稳流器和各种调节控制单元组成。

2. 常用的电子显微镜

(1)透射电子显微镜(transmission electron microscope,TEM)

由电子枪发射出的电子束穿透标本后,被电子透镜成像放大,故名透射电子显微镜。但由于电子束需要穿透标本,因此标本必须非常薄,否则会因为吸收电子束的能量造成成像不好。

透射电子显微镜由照明系统、成像系统、记录系统、真空系统和电器系统组成。其顶部是电子枪，电子由钨丝热阴极发射出，通过第一、第二两个聚光镜后使电子束聚焦。电子束通过标本后由物镜成像于中间镜上，再通过中间镜和投影镜逐级放大，成像于荧光屏。

(2)扫描电子显微镜(scanning electron microscope,SEM)

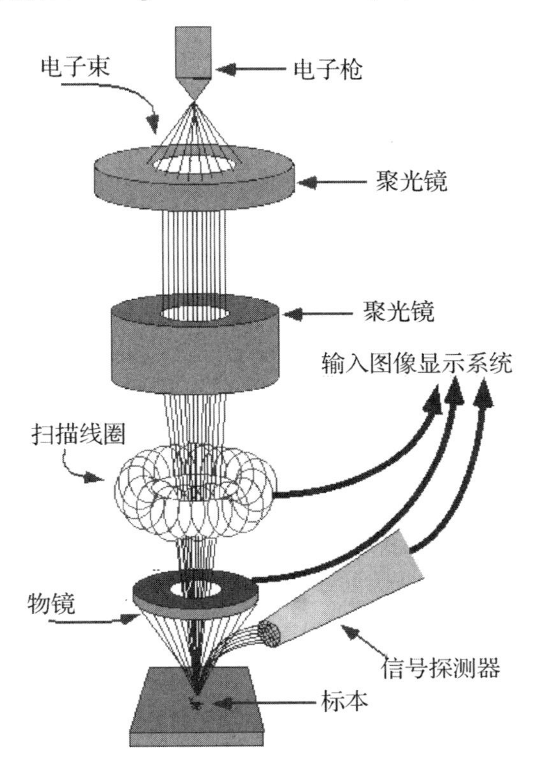

图 0-9　扫描电子显微镜的原理示意

扫描电子显微镜由电子光学系统，信号收集处理、图像显示和记录系统，真空系统三部分组成(图 0-9)。电子光学系统又包括电子枪、电磁透镜、扫描线圈和样品室。

由电子枪发射出的电子束不穿透标本，而是聚焦于标本上，进行逐行扫描，并激发标本表面释放出次级电子。这些次级电子被闪烁晶体接收，经过放大后成像于荧光屏，呈现出标本表面的形貌图像。

扫描电子显微镜的分辨率主要由照射标本表面的电子束直径决定，因此为了使电子束更细，在聚光镜下安装有物镜和消像散器，在物镜内部还安装有两组互相垂直的扫描线圈。

(3)扫描透射电子显微镜(scanning transmission electron microscope,STEM)

兼具扫描电镜和透射电镜的优点，可以使电子束在样品的表面扫描，又能使电子束穿透样品成像。扫描透射电子显微镜分为两种类型：一种是高分辨型，分辨率接近透射电镜水平；另一种是附件型，由透射电镜和扫描透射电子检测器等构成。

(成都医学院　殷建华)

实验前的准备工作

微生物学实验所用的玻璃器皿，主要用于微生物的培养（试管、培养皿、锥形瓶）、保存（试管）、吸取菌液（吸管）等，这些玻璃器皿要经过洗涤、包装、灭菌（干热或湿热）后才能使用。玻璃器皿的洗涤方法、灭菌前的包装方式、灭菌是否彻底均对实验结果有直接的影响。

一、玻璃器皿的洗涤方法

1. 新玻璃器皿的洗涤方法

新购玻璃器皿中含有较多的游离碱，因此不能直接使用。应先在2%～3%盐酸溶液或洗涤液中浸泡过夜，然后用肥皂水或其他洗涤剂溶液冲洗，再用自来水冲洗干净。

2. 已使用过的玻璃器皿的洗涤方法

（1）载玻片：用过的载玻片如有香柏油，要先用吸水纸擦去。浸在二甲苯内摇晃几次，溶解香柏油，再在肥皂水中沸浴5～10 min，清水冲洗后，让水滴流干。再于5%苯酸、2%～3%来苏儿中浸泡48 h。若其中含有炭疽杆菌材料时，还应在升汞中加入盐酸使其浓度为3%。自来水冲去洗涤液，最后蒸馏水换洗数次，待干后浸于95%乙醇中保存备用。使用时从酒精中取出盖玻片和载玻片，使用时在火焰上烧去酒精。

（2）培养皿、锥形瓶、试管、烧杯：可浸泡于肥皂水或其他洗涤剂溶液中，用毛刷或试管刷反复刷洗，必要时可在刷子上蘸上肥皂或洗衣液，以除去其上的油渍污垢，然后用清水反复冲洗，最后用蒸馏水冲洗。若经清水冲洗后仍有油渍未洗干净，应于2%～5%碳酸钠溶液或5%肥皂水中煮沸30 min，然后刷去油渍和污垢，最后分别用清水和蒸馏水冲洗干净。然后倒置于铁丝框内或空心格子的木架上晾干。急用时可盛于框内或搪瓷盘上，放烘箱内烘干。

盛有固体培养基的器皿应先将培养基刮去，或用水蒸煮，至培养基融化后倒出，然后再用以上方法清洗。如有带病原菌的培养物，应先进行高压蒸汽灭菌，然后再清洗。

（3）玻璃吸管：将其浸泡于5%热肥皂水中，管口的棉塞浸湿后，用力甩出，也可用细铁丝捅出。在细铁丝的一端缠上少许棉花或纱布，在管中来回移动，以除去管内的油渍和污垢，然后用洗洁球一吸一挤反复冲洗数次，最后用清水和蒸馏水反复冲洗数次。吸过含有微生物培养物的吸管应立即投入盛有2%煤酚皂溶液或0.25%新洁尔灭消毒液的容器中，24 h后取出冲洗。然后放搪瓷盘中晾干，若要加速干燥，可放烘箱内烘干。

二、玻璃器皿的包装和灭菌

1.棉塞的制作

正确的棉塞要求形状、大小、松紧与试管口(或三角瓶口)完全合适,过紧妨碍空气流通,影响好氧菌的生长;过松则达不到滤菌的目的,棉塞制作过程见图 0-10。

塞上棉塞时,应使棉塞长度的 1/3 在试管口外,2/3 在试管口内。做棉塞的棉花要选纤维较长的,一般不用脱脂棉做棉塞,因为它容易吸水变湿,造成污染,而且价格昂贵。

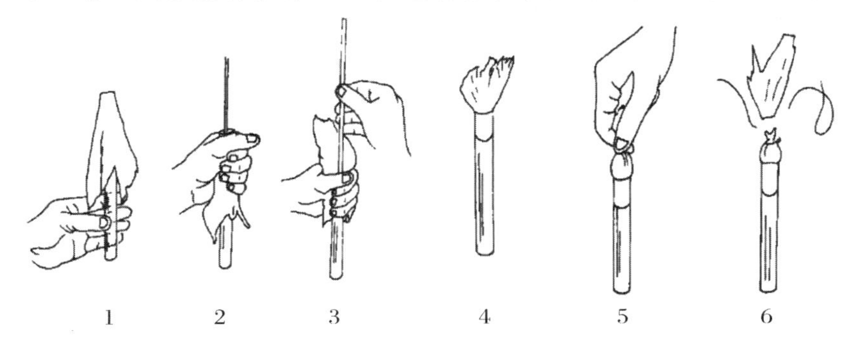

图 0-10 棉塞的制作过程

1.纱布铺于管口;2.将纱布中心推入管内;3.将棉花填入管内;4.棉花填充至适当长度;
5.拉出 1/3 部分,拧紧尾部;6.棉线扎紧

2.试管和三角瓶的包装

试管管口和三角瓶瓶口塞上棉花塞或硅胶塞后,在棉花塞与管口和瓶口的外面用两层报纸包扎好(如有牛皮纸,效果更好),进行干热或湿热灭菌。试管较多时,一般 7 个或 10 个一组,再用双层报纸包扎。

3.吸管的包装

准备好干燥的吸管,在距其粗头顶端约 0.5 cm 处,塞一小段约 1.5 cm 长的棉花,以免使用时将杂菌吹入其中,或不慎将微生物吸出管外。棉花要塞得松紧恰当,过紧,吹吸液体太费力;过松,吹气时棉花会下滑。然后分别将每支吸管尖端斜放在旧报纸条的近左端,与报纸约呈 45°角,并将左端多余的一段纸覆折在吸管上,再将整根吸管卷入报纸,右端多余的报纸打一小结。如此包好的很多吸管可再用一张大报纸包好,进行干热灭菌。

4.培养皿的包装

培养皿常用牛皮纸或旧报纸包紧,一般以 5～8 套培养皿作一包,少于 5 套工作量太大,多于 8 套不易操作,包好后进行湿热灭菌。如将培养皿放入铜筒内进行干热灭菌,则不必用纸包,铜筒有一圆筒形的带盖外筒,里面放一装培养皿的带底框架,此框架可自圆筒内提出,以便装取培养皿,见图 0-11。

玻璃器皿的消毒：包扎好的玻璃器皿用前进行干热灭菌或高压蒸汽灭菌。

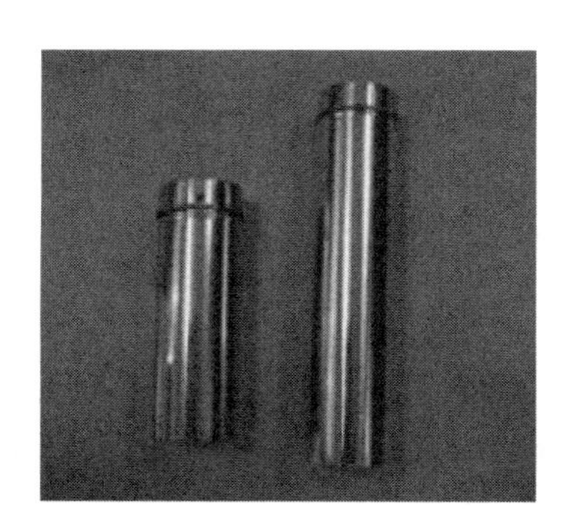

图 0-11　装培养皿的金属筒

图 0-12　灭菌锅

5.灭菌设备操作技术

灭菌锅的使用，以上海申安 LDZX－50KBS 灭菌锅为例，见图 0-12。

(1)打开电源与开关，检查水位显示灯，视水位显示灯情况而定，不加或添加适量水(高水位：不必加水；低水位：视情况而定；缺水：必加水；无显示：视情况而定)。

(2)加灭菌物品(注意：物品不能过于密集，否则会影响灭菌效果)。

(3)将锅盖旋到灭菌锅正上方密封处(注意：锅盖用手提着缓慢旋至正上方，不要碰触密封圈，造成密封圈破损，也不要将锅盖旋得太高，否则锅盖无法归位至正上方)。

(4)按待灭菌物品的要求，设定温度和时间。

(5)进入工作状态后，查看排气(水)阀，将阀门旋至排气处。

(6)待有大量白色蒸汽产生时，关闭排气阀，关闭后温度持续上升(注意：在使用高压蒸汽灭菌锅灭菌时，灭菌锅内冷空气的排除是否完全极为重要)。

(7)灭菌结束，压力降至“0”时，打开排气阀，气体排尽后，开盖取物。(注意：压力一定要降到“0”时，才能打开排气阀，开盖取物。否则就会因锅内压力突然下降，使容器内的培养基由于内外压力不平衡而冲出烧瓶口或试管口，造成棉塞沾染培养基而发生污染，甚至灼伤操作者)。

三、超净工作台的使用

超净工作台的使用，以 BCM－1300A 型超净工作台为例，见图 0-13。

(1)打开电源开关及工作开关，紫外照射 20 min，开启鼓风机运转 10 min，方可行实验操作。

(2)将紫外灯切换到照明灯(鼓风机保持运转)，打开玻璃门(玻璃门开启幅度不能过高，以不超过下巴为宜)，手臂

图 0-13　超净工作台

进入操作台前先点燃酒精灯，再用75%的酒精棉球擦净工作台，并对手进行消毒。

(3)操作时，应在工作台中央无菌区域进行(尽量不要讲话)。

(4)操作完毕后熄灭酒精灯，清理工作台。离开前关闭工作台工作开关及电源开关，将所有物品归位，并带走废弃物。

（四川师范大学　葛芳兰　李维）

第一篇

基础性实验

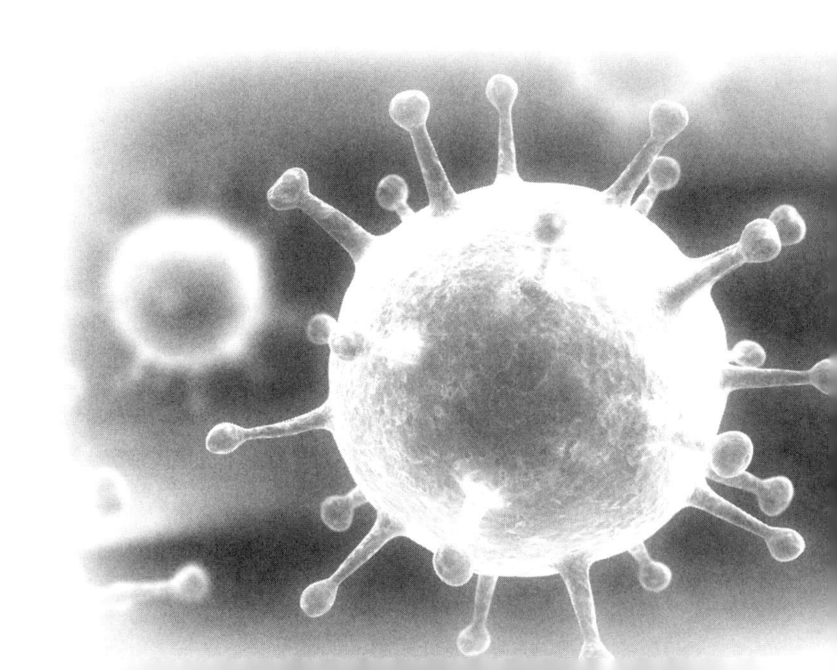

实验1　培养基的配制

一、实验目的

(1)了解配制培养基的原理,并掌握配制培养基的一般方法和步骤。

(2)学习几种常用培养基的配制、分装和灭菌的操作方法。

(3)熟练掌握自动高压蒸汽灭菌锅的使用方法。

二、实验原理

培养基是供微生物生长、繁殖、代谢的混合养料。由于微生物具有不同的营养类型,对营养物质的要求也各不相同,加之实验和研究的目的不同,所以培养基的种类很多,使用的原料也各有差异,但从营养角度分析,培养基中一般含有微生物所必需的碳源、氮源、无机盐、生长素以及水分等。另外,培养基还应具有适宜的 pH、一定的缓冲能力、一定的氧化还原电位及合适的渗透压。

琼脂是从石花菜等海藻中提取的胶体物质,是应用最广的凝固剂。加琼脂制成的培养基在 98～100 ℃下融化,于 45 ℃以下凝固。但多次反复融化后,其凝固性降低。

任何一种培养基一经制成就应及时彻底灭菌,以备纯培养用。一般培养基的灭菌采用高压蒸汽灭菌。

三、实验器材

1.药品及试剂

可溶性淀粉、马铃薯、琼脂粉、牛肉膏、蛋白胨、蔗糖(或葡萄糖)、KNO_3、$K_2HPO_4 \cdot 3H_2O$、$MgSO_4 \cdot 7H_2O$、$FeSO_4 \cdot 7H_2O$、NaCl、1 mol/L NaOH、1 mol/L HCl。

2.仪器及其他

电磁炉(或电炉)、高压蒸汽灭菌锅、天平、称量纸、药匙、酒精灯、削皮刀、试管、试管架、三角瓶、烧杯、培养皿、量筒、玻棒、漏斗、分装架、pH 试纸(5.5～9.0)、棉花、牛皮纸或报纸、记号笔、线绳、纱布。

四、实验步骤

(一)培养基配制的基本过程

1.配制溶液

向容器内加入所需水量的一部分,按照培养基的配方,称取各种原料,依次加入使其溶解,最后补足所需水分。对于蛋白胨(蛋白胨极易吸潮,故称量时要迅速)、肉膏等物质,需加热溶解,加热过程中所蒸发的水分,应在全部原料溶解后加水补足。

配制固体培养基时,先将上述已配好的液体培养基煮沸,再将称好的琼脂加入,继续加热至完全融化,并不断搅拌,以免琼脂糊底烧焦。

2.调节 pH

用 pH 试纸(或 pH 电位计、氢离子浓度比色计)测试培养基的 pH,如不符合需要,可用 1 mol/L HCl 或 1 mol/L NaOH 进行调节,直到调节到配方要求的 pH 为止。

3.过滤

用滤纸、纱布或棉花趁热将已配好的培养基过滤。用纱布过滤时,最好折叠成六层,用滤纸过滤时,可将滤纸折叠成瓦楞形,铺在漏斗上过滤。

4.分装

已过滤的培养基应进行分装。如果要制作斜面培养基,须将培养基分装于试管中。如果要制作平板培养基或液体,则须将培养基分装于锥形瓶内。

分装时,一手捏松弹簧夹,使培养基流出,另一只手握住几支试管或锥形瓶,依次接取培养基。分装时,注意不要使培养基粘附管口或瓶口,以免浸湿的棉塞引起杂菌污染。

装入试管的培养基量,视试管和锥形瓶的大小及需要而定。一般制作斜面培养基时,每只 15 mm×150 mm 的试管,约装 3～4 mL(1/4～1/3 试管高度),如制作深层培养基,每只 20 mm×220 mm 的试管约装 12～15 mL。每只锥形瓶装入的培养基,常以其容积的一半为宜。

5.加棉塞

分装完毕后,需要用棉塞堵住管口或瓶口。堵棉塞的主要目的是过滤空气,避免污染。棉塞应采用普通新鲜、干燥的棉花制作,不要用脱脂棉,以免因脱脂棉吸水使棉塞无法使用。制作棉塞时,要根据棉塞大小将棉花铺展成适当厚度,揪取手掌心大小一块,铺在左手拇指与食指圈成的圆孔中,用右手食指插入棉花中部,同时左手食指与拇指稍稍紧握,就会形成 1 个长棒形的棉塞。棉塞做成后,应迅速塞入管口或瓶口中,棉塞应紧贴内壁不留缝隙,以防空气中微生物沿皱褶侵入。棉塞不要过紧过松,塞好后,以手提棉塞,管、瓶不下落为合适。棉塞的 2/3 应在管内或瓶内,上端露出少许棉花便于拔取。塞好棉塞的试管和锥形瓶应盖上厚纸用绳捆扎,准备灭菌。

6. 制作斜面培养基和平板培养基

培养基灭菌后，如制作斜面培养基和平板培养基，须趁培养基未凝固时进行。

(1)制作斜面培养基。在实验台上放1支长0.5～1 m的木条，厚度为1 cm左右。将试管头部枕在木条上，使管内培养基自然倾斜，凝固后即成斜面培养基。

(2)制作平板培养基。将刚刚灭过菌的盛有培养基的锥形瓶和培养皿放在实验台上，点燃酒精灯，右手托起锥形瓶瓶底，左手拔下棉塞，将瓶口在酒精灯上稍加灼烧，左手打开培养皿盖，右手迅速将培养基倒入培养皿中，每皿约倒入10 mL，以铺满皿底为度。铺放培养基后放置15 min左右，待培养基凝固后，再将5个培养皿一叠，倒置过来，平放在恒温箱里，24 h后检查，如培养基未长杂菌，即可用来培养微生物。

(二)分组配制以下几种培养基

1. 配制牛肉膏蛋白胨培养基(培养细菌用)

配方：牛肉膏3 g、蛋白胨10 g、NaCl 5 g、琼脂15～20 g、水1000 mL、pH 7.0～7.2、121 ℃灭菌20 min。

2. 配制高氏(Gause)一号培养基(培养放线菌用)

配方：可溶性淀粉20 g、NaCl 0.5 g、KNO_3 1 g、$K_2HPO_4 \cdot 3H_2O$ 0.5 g、$MgSO_4 \cdot 7H_2O$ 0.5 g、$FeSO_4 \cdot 7H_2O$ 0.01 g、琼脂15～20 g、水1000 mL、pH 7.2～7.4。

配制时先用少量冷水将淀粉调成糊状，倒入煮沸的水中，在火上加热，边搅拌边加入其他成分，溶化后，补足水分至1000 mL，121 ℃灭菌20 min。

3. 马铃薯培养基(PDA培养基，培养真菌用)

马铃薯200 g、蔗糖(或葡萄糖)20 g、琼脂15～20 g、水1000 mL、pH自然。

马铃薯去皮，切成块煮沸半小时，然后用纱布过滤，再加糖及琼脂，溶化后补足水至1000 mL，121 ℃灭菌20 min。

五、实验报告

请写出本组培养基配制的详细步骤。

六、思考题

根据琼脂的性质，思考我们什么时候不需在培养基灭菌前将琼脂溶解？有什么好处？

(重庆师范大学　王汉臣)

实验 2　微生物的分离、纯化与培养特征

本实验由四部分组成，包括无菌接种技术、微生物的分离与纯化、四大类微生物的培养特征观察、噬菌体的分离和纯化以及效价测定，可以全部完成，也可选择进行。

第一部分　微生物的无菌接种技术

一、实验目的

掌握微生物无菌接种的基本操作技术。

二、实验原理

将微生物的培养物或含有微生物的样品移植到培养基上的操作技术称之为接种。无论微生物的分离、培养、纯化或鉴定以及有关微生物的形态观察及生理研究都必须进行接种。接种的关键是要严格地进行无菌操作，如操作不慎引起污染，则实验结果不可靠，影响下一步工作的进行。无菌技术也确保实验室工作人员免受微生物感染。

三、实验器材

牛肉膏蛋白胨液体培养基和牛肉膏蛋白胨琼脂斜面培养基，培养 24 h 的大肠杆菌（*E. coli*）。

PDA 琼脂斜面培养基，培养 36 h 的酿酒酵母（*Saccharomyces cerevisiae*）。

牛肉膏蛋白胨液体培养基试管、牛肉膏蛋白胨培养基琼脂斜面、PDA 深层琼脂培养基。

接种环：供挑取菌苔或液体培养物接种用。环前端要求圆而闭合，否则液体不会在环内形成菌膜。

移液管：无菌操作接种用的移液管常为 1 mL 或 10 mL 刻度吸管。吸管在使用前应进行包裹灭菌。

接种针（接种环，见图 1-1）、酒精灯。

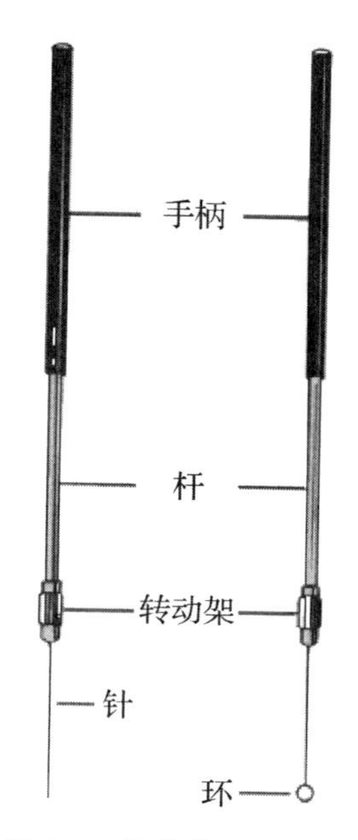

图 1-1 接种针和接种环

四、实验步骤

1.斜面接种法

斜面接种是从已生长好的菌种斜面上挑取少量菌种移植至另一新鲜斜面培养基上的一种接种方法。具体操作如下：

(1)贴标签：接种前在试管上贴标签，注明菌名、接种日期、接种人姓名等。贴在距试管口约 2～3 cm 的位置。也可用记号笔注明上述内容。

(2)点燃酒精灯。

(3)接种：用接种环将少许菌种移接到贴好标签的试管斜面上。接种操作必须按无菌操作法进行，见图 1-2，步骤如下：

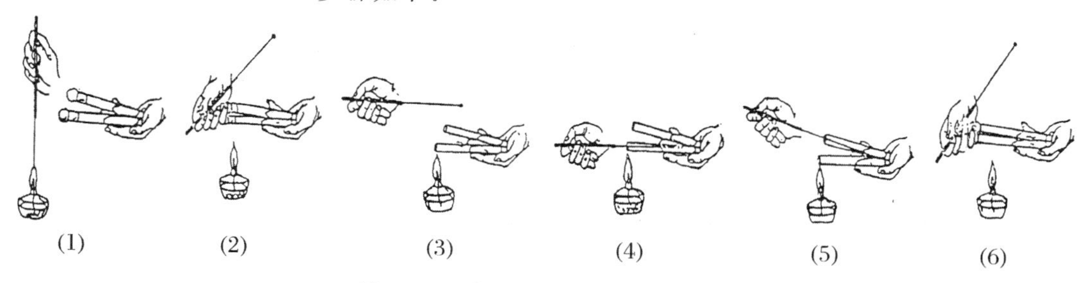

图 1-2 无菌接种技术之斜面接种法

① 手持试管：将菌种和待接斜面的两支试管用大拇指和其他四指握在左手中，使中指位于两试管之间部位。斜面面向操作者，并使它们位于水平位置。

② 拔管塞：用右手的无名指、小指和手掌边，先后取下菌种管和待接种试管的管塞，

试管口缓缓过火灭菌，切勿烧得过烫。

③ 接种环冷却：将灼烧过的接种环伸入菌种管，先使环接触没有长菌的培养基部分，使其冷却。

④ 取菌：待接种环冷却后，轻轻沾取少量菌体，然后将接种环移出菌种管，注意不要使接种环的部分碰到管壁，取出后不可使接种环通过火焰。

⑤ 接种：在火焰旁，迅速将沾有菌种的接种环伸入另一支待接斜面试管。从斜面培养基的底部向上部作“Z”形来回密集划线，切勿划破培养基，见图 1-3。

⑥ 塞管塞：取出接种环，灼烧试管口，并在火焰旁将管塞旋上。将接种环灼烧灭菌，放下接种环，再将棉花塞旋紧。

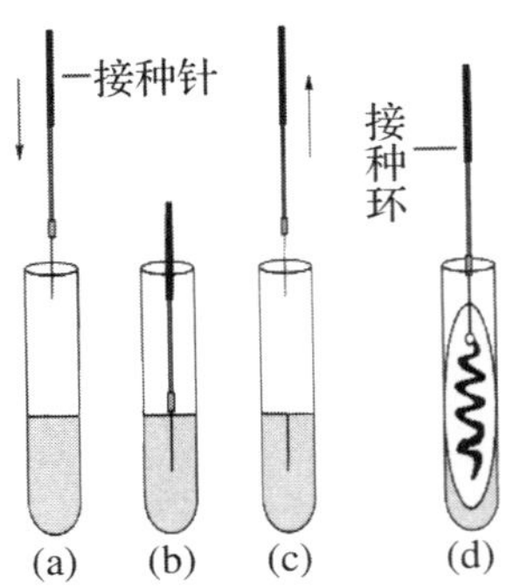

图 1-3　无菌接种技术之液、固体培养基接种

2. 液体培养基接种法

液体培养基接种法是将细菌接至液体培养基进行增菌培养或发酵的接种方法。具体操作：按斜面接种法中的方法，手持菌种管，接种环灭菌后取菌，将沾有细菌的接种环伸进有液体培养基的试管，试管稍倾斜，先将接种环在靠液面的试管内壁上轻轻研磨，然后直立试管，细菌即进入液体培养基中。

3. 穿刺接种法

穿刺接种法是一种用接种针从菌种斜面上挑取少量菌体，并把它穿刺到固体或半固体的深层培养基中的接种方法，较适宜于细菌和酵母菌的接种培养，见图 1-3。具体操作如下：把带有酿酒酵母的接种针穿刺到试管中，但不要碰到试管壁，插到培养基的 2/3 深处，然后把接种针从试管中抽出。管口灭菌后塞上棉塞，作好标记，接种过的试管直立于试管架上，28 ℃培养 24 h 后观察结果。

五、实验报告

记录使用三种不同接种方法，培养 24 h 后在斜面和液体试管中出现的现象，并分析原因。

六、思考题

(1)无菌操作中过火焰的作用是什么？

(2)为什么要用接种环而不是接种针从培养平板上转移培养物到培养试管中？

(3)哪些情况下传代培养物可能被污染？

(4)哪些现象提示液体培养基中有微生物生长？

第二部分 微生物的分离、纯化

一、实验目的

掌握几种常用的分离纯化微生物的基本操作技术。

二、实验原理

从混杂微生物群体中获得只含有某一种或某一株微生物的过程称为微生物分离与纯化。平板分离法普遍用于微生物的分离与纯化。其基本原理主要包括：

(1)选择适合于待分离微生物的生长条件，如营养成分、酸碱度、温度和氧等要求，或加入某种抑制剂造成只利于该微生物生长而抑制其他微生物生长的环境，从而淘汰一些不需要的微生物。

(2)微生物在固体培养基上生长形成的单个菌落，通常是由一个细胞繁殖而成的集合体。因此可通过挑取单菌落而获得一种纯培养。获取单个菌落的方法可通过稀释涂布平板或平板划线等技术完成。

三、实验器材

在牛肉膏蛋白胨液体培养基中培养 24～48 h 的大肠杆菌、金黄色葡萄球菌(*Staphylococci aureus*)以及大肠杆菌与金黄色葡萄球菌两种菌的混合物。

玻璃刮铲：是用于稀释平板涂抹法进行菌种分离或微生物计数时的常用工具。用一段长约 30 cm、直径 5～6 mm 的玻璃棒，在喷灯火焰上把一端弯成“L”形或倒“△”形，并使柄与“△”端的平面呈 30°左右的夹角，见图 1-4。

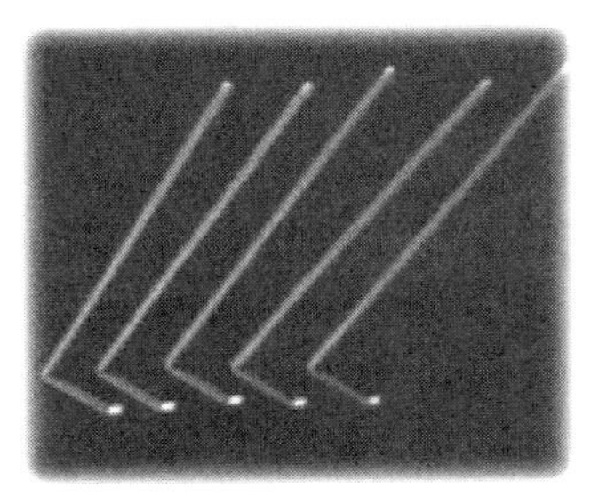
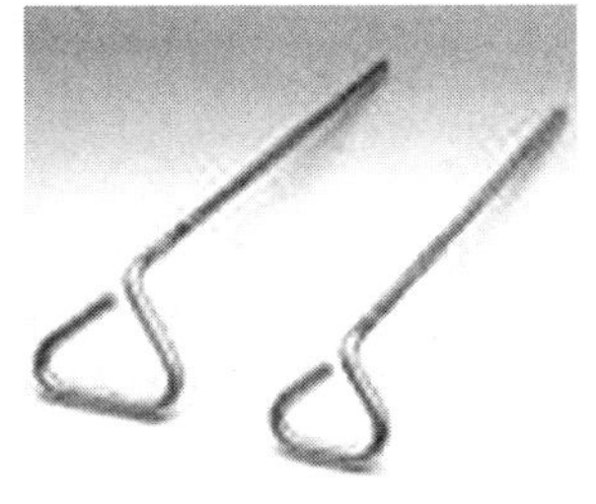

图 1-4 两种涂布棒

3 个牛肉膏蛋白胨琼脂平板、酒精灯、接种环、L 形玻璃棒(或顶端为倒“△”形的涂布棒)、记号笔、500 mL 烧杯、移液管。

四、实验步骤

1.稀释涂布平板法

(1)用记号笔在琼脂培养基平板的底部写上要接种菌种的名称、接种人姓名和日期。三个板分别接种:(a)大肠杆菌,(b)金黄色葡萄球菌,(c)混合菌。

(2)分别吸取 0.1 mL 的细菌培养液至牛肉膏蛋白胨琼脂培养基的中央。

(3)把 L 形玻璃涂布棒放到盛有乙醇的烧杯中,将在乙醇中浸泡过的涂布棒快速穿过火焰,燃烧酒精,在无菌的平皿盖中冷却涂布棒。

(4)右手拿无菌涂棒平放在平板培养基表面上,将菌悬液先沿同心圆方向轻轻地向外扩展,使之分布均匀。室温下静置 5～10 min,使菌液浸入培养基。

(5)倒置平板,37 ℃培养 24～48 h。

2.平板划线分离法

(1)在近火焰处,左手拿平皿底,右手拿接种环,挑取大肠杆菌与金黄色葡萄球菌混合物悬液一环在平板上划线。划线方法见图 1-5,但无论采用哪种方法,其目的都是通过划线将样品在平板上进行稀释,使之形成单个菌落。

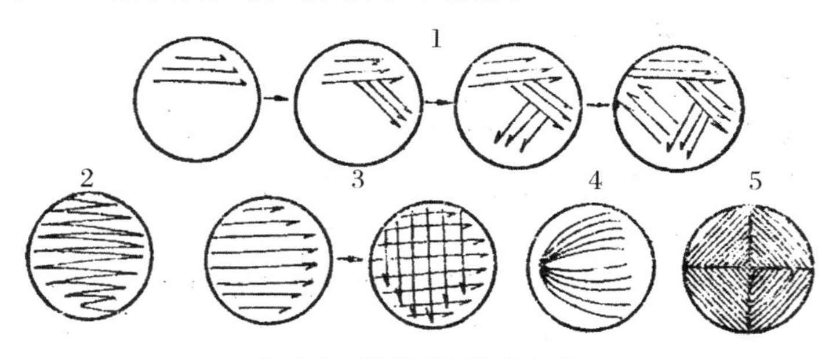

图 1-5　平板划线分离方法

(2)倒置平板,37 ℃培养 24～48 h。

五、实验报告

实验后是否得到了单菌落?请分析得到相关结果的原因。同时记录下培养后平板上菌落的颜色、形态及大小。

六、思考题

(1)实验中涂布的目的是什么?

(2)在涂布中酒精的作用是什么?

(3)为什么一个成功的涂板只能用包含 100～200 个细胞的稀释培养液?

第三部分 四大类微生物的培养特征观察

一、实验目的

观察和总结细菌、放线菌、酵母菌、霉菌等几类微生物菌落的一般特征并能识别。

二、实验原理

菌落形态是指某种微生物在一定的培养基上由单个菌体形成的群体形态。细菌、放线菌、酵母菌和霉菌，每一类微生物在一定培养条件下形成的菌落各具有某些相对的特征，通过观察这些特征，来区分各大类微生物及初步识别、鉴定微生物，方法简便快速，在科研和生产实践中常被采用。

三、实验器材

大肠杆菌、圆褐固氮菌（*Azotbacteria chroococum*）、枯草芽孢杆菌（*Bacillus subtilis*）、灰色链霉菌（*Streptomyces griseus*）、酿酒酵母（*Saccharomyces cerevisiae*）、青霉（*Penicillium*）、曲霉（*Aspergillus*）、毛霉（*Mucor*）、根霉（*Rhizopus*）的单个菌落平板以及一些未知菌的平板。

四、实验步骤

（1）借助放大镜分别观察各类微生物的菌落的大小、表面粗糙及含水分状况、边缘、致密程度、透明程度及厚度等特征，并填写记录表。

（2）根据观察结果总结各类微生物菌落的一般特征。

（3）通过相关特征对未知菌落进行初步判断。

五、实验报告

表 1-1 菌落形态特征记录表

编号	名称	菌落特征								判断
		大小	表面	边缘	致密度	厚薄	透明程度	色泽	水溶性色素	
1	大肠杆菌									
2	圆褐固氮菌									

续表

编号	名称	菌落特征								判断
		大小	表面	边缘	致密度	厚薄	透明程度	色泽	水溶性色素	
3	枯草芽孢杆菌									
4	灰色链霉菌									
5	酿酒酵母									
6	青霉									
7	曲霉									
8	毛霉									
9	根霉									

六、思考题

试比较细菌、放线菌、酵母菌和霉菌的菌落形态的差异。

第四部分 噬菌体的分离、纯化和效价测定

一、实验目的

了解并掌握分离、纯化噬菌体及噬菌体效价测定的基本原理和方法。

二、实验原理

噬菌体是专性寄生物，因此自然界中凡有细菌分布的地方，均可发现其特异的噬菌体的存在。由于噬菌体侵入细菌细胞后进行复制而导致细胞裂解，噬菌体即从中释放出来。因此，在宿主细菌生长的固体琼脂平板上，噬菌体可裂解细菌而形成透明的空斑，称噬菌体斑，一个噬菌体产生一个噬菌斑，利用这一现象可将分离到的噬菌体进行纯化与测定噬菌体的效价。

本实验是从阴沟污水中分离大肠杆菌噬菌体，刚分离出的噬菌体常不纯，如表现噬菌斑的形态、大小不一致等，然后再进一步纯化。噬菌体的效价就是 1 mL 培养液中所含活噬菌体的数量。效价测定的方法，一般应用双层琼脂平板法。由于在含有特异宿主细菌的琼脂平板上，一个噬菌体产生一个噬菌体斑，因此，能进行噬菌体的计数。

三、实验器材

瓶装原始污水；

用牛肉膏蛋白胨培养基培养 24 h 的大肠杆菌；

500 mL 三角瓶内装三倍浓缩的牛肉膏蛋白胨液体培养基 100 mL；

1 管牛肉膏蛋白胨液体培养基；

上层琼脂培养基(含琼脂 0.7%，试管分装，每管 4 mL)；

底层琼脂平板(含培养基 10 mL，琼脂 2%)；

1 mL 移液管；

含 0.9 mL 液体培养基的小试管 4 支；

牛肉膏蛋白胨琼脂平板(10 mL 培养基，2%琼脂，作底层平板用)；

含 4 mL 琼脂培养基的试管(0.7%琼脂，作上层培养基用)5 管；

灭菌小试管 5 支、灭菌 1 mL 吸管 10 支、灭菌玻璃涂布器、0.22 μm 的滤膜、滤器、量筒、48 ℃水浴箱、离心机、37 ℃培养箱。

四、实验步骤

1. 噬菌体的分离

(1)增殖培养：于 100 mL 三倍浓缩的牛肉膏蛋白胨液体培养基的三角烧瓶中，加入污水样品 200 mL 与培养 24 h 的大肠杆菌悬液 2 mL，37 ℃培养 12～24 h。

(2)制备裂解液：将以上混合培养液 2500 r/min 离心 15 min。用 0.22 μm 的滤膜过滤。所得滤液倒入灭菌三角瓶内，37 ℃培养过夜，以做无菌检查。

2. 噬菌体的纯化

(1)先用接种环取菌液一环接种于牛肉膏蛋白胨液体培养基内，再加入 0.1 mL 大肠杆菌悬液，使混合均匀。

(2)取上层琼脂培养基熔化并冷却至 48 ℃(可预先熔化、冷却，放入 48 ℃水浴锅内备用)，加入以上噬菌体与细菌的混合液 0.2 mL，立即混匀后，迅速倒入底层培养基上，混匀。置 37 ℃培养 12 h。

(3)此时长出的分离的、单个的噬菌斑，其形态、大小常不一致，再用接种针在单个噬菌斑中刺一下，小心采取噬菌体，接入含有大肠杆菌的液体培养基内，于 37 ℃培养。待管内菌液完全溶解后，过滤除菌，即得到纯化的噬菌体。

3. 噬菌体的效价测定

(1)稀释噬菌体

将 4 管含有 0.9 mL 液体培养基的试管分别标写 10^{-3}、10^{-4}、10^{-5}和 10^{-6}。用 1 mL 无菌吸管吸 0.1 mL 10^{-2} 大肠杆菌噬菌体，注入 10^{-3} 的试管中，旋摇试管，使混匀。用另一支无菌吸管吸 0.1 mL 10^{-3}大肠杆菌噬菌体，注入 10^{-4}的试管中，旋摇试管，使混匀。逐次类推，稀释到 10^{-6}管中，混匀。

(2)噬菌体与菌液的混合

①将5支灭菌空试管分别标写10^{-4}、10^{-5}、10^{-6}、10^{-7}和对照。用吸管从10^{-3}噬菌体稀释管吸0.1 mL加入10^{-4}的空试管内,用另一支吸管从10^{-4}稀释管内吸0.1 mL加入10^{-5}空试管内,直至10^{-7}管。

②将大肠杆菌培养液摇匀,用吸管吸取菌液0.9 mL加入对照试管内,再吸0.9 mL加入10^{-7}试管,如此从最后一管加起,直至10^{-4}管,各管均加0.9 mL大肠杆菌培养液,所有试管均摇匀。

(3)效价测定

①将5管上层培养基熔化,标写10^{-4}、10^{-5}、10^{-6}、10^{-7}和对照,使冷却至48 ℃,并放入48 ℃水浴箱内。

②分别将4管混合液和对照管对号加入上层培养基试管内。每一管加入混合液后,立即旋摇混匀。

③将旋摇均匀的上层培养基迅速对号倒入底层平板上,放在台面上摇匀,使上层培养基铺满平板。凝固后,放置37 ℃培养。

④观察平板中的噬菌斑,将每个稀释度的噬菌斑数目记录于实验报告的表格内,并选取30～300个噬菌斑的平板计算每毫升未稀释原液中的噬菌体数(效价)。

$$噬菌体效价=噬菌斑数\times稀释倍数\times10$$

五、实验报告

绘图表示平板上出现的噬菌斑,计算每毫升未稀释的原液中噬菌体数。

六、思考题

(1)在固体培养基平板上,为什么能形成噬菌斑?

(2)什么是噬菌斑形成单位(plaque for ming unit,PFU)?

(3)如果一个样品取0.5 mL的PFU是150,计算该样品稀释至10^{-7}时,每毫升的PFU数。

(西南大学 何颖)

实验3 细菌染色与形态观察

本实验包括细菌的简单染色、革兰氏染色、芽孢荚膜及鞭毛的染色三个部分，可以全部完成，也可选择进行。

第一部分 细菌的简单染色

一、实验目的

掌握单染色的操作技术，观察细菌的基本形态。

二、实验原理

单染色即用一种染料进行染色，多数采用美蓝、结晶紫、碱性复红及孔雀绿等碱性染料。染色过程中由于细菌往往带有负电荷，碱性染料在电离后染色离子为正电荷，二者结合使细菌着色。该法仅能显示细胞的外部形态，并不能辨别其内部结构。

三、实验器材

菌种：大肠杆菌(*Escherichia coli*)、枯草芽孢杆菌(*Bacillus subtilis*)。

试剂：石炭酸复红或结晶紫(Crystal Violet)染色液、香柏油、二甲苯。

仪器及用具：载玻片、显微镜、接种环、酒精灯、擦镜纸、吸水纸、洗瓶。

四、实验步骤

涂片：取一块洁净载玻片，在其中央滴一滴无菌水，然后用接种环以无菌操作方法取少许培养好的大肠杆菌，放在载玻片的水滴中涂匀，菌量要适宜。

固定：将涂好的玻片在空气中风干或涂片向上在火焰上通过2～3次，使细菌菌体紧贴在玻片上。

染色：用染色剂着色(1～2 min)，然后用清水轻轻冲洗染色剂(注意不要直接冲洗染色部位)，直至洗下液体中无染色剂颜色，晾干或用吸水纸从旁吸干。

用同样方法将枯草芽孢杆菌制作一张涂片，染色。

镜检：首先在低倍镜下找到观察对象，然后在干燥的涂膜中央滴一滴香柏油，换成油镜观察两种细菌的形态。

五、实验报告

绘制观察到的大肠杆菌、枯草芽孢杆菌的形态，并注明放大倍数。

六、注意事项

(1)载玻片需洁净无油。
(2)固定时温度不宜过高，一般以载玻片不烫手为宜。
(3)涂片必须完全干燥才能用油镜观察。

七、思考题

(1)涂片在染色前为什么要先进行固定？固定时应注意什么问题？
(2)制片为什么要完全干燥后才能用油镜观察？
(3)制片时应注意哪些事项？为什么？

第二部分　革兰氏染色

一、实验目的

(1)了解革兰氏染色法原理及其在细菌分类鉴定中的重要性。
(2)掌握革兰氏染色的基本步骤。

二、实验原理

G^+、G^-细菌的细胞壁成分和结构不同。G^+细菌的细胞壁主要由肽聚糖形成的网状结构组成，在染色过程中，当用95%乙醇处理时，由于脱水而引起网状结构的孔径变小，细胞壁通透性降低，使结晶紫—碘复合物被保留在细胞壁内而不易脱色，因此呈蓝紫色。G^-细菌的细胞壁中肽聚糖含量低，脂类物质含量高，当用乙醇处理时，脂类物质溶解，细胞壁的通透性增加，使结晶紫—碘复合物容易被乙醇抽提出来而脱色，然后又被染上了复染剂的颜色，因此呈现红色。

三、实验器材

菌种：大肠杆菌（*Escherichia coli*）和金黄色葡萄球菌（*Staphylococcus aureus*）约 24 h 营养琼脂斜面培养物。

染液：革兰氏染液。

仪器或其他用具：同细菌的简单染色。

四、实验步骤

革兰氏染色具体步骤：制片→干燥、固定→初染（结晶紫染液）1～2 min→水洗→媒染（碘液）1 min→水洗→脱色（滴管流加 95%乙醇，至流出液无紫色，时间一般为 20～30 s）→水洗→复染（番红或复红染液）1～2 min→水洗→干燥→镜检（油镜观察）混合涂片染色。

按上述流程，在同一载玻片上，以大肠杆菌和金黄色葡萄球菌做混合涂片、染色、镜检。比较同一载玻片上大肠杆菌和金黄色葡萄球菌的染色结果。

五、实验报告

简述各菌株的染色结果，并分别绘图标示其形态特征。

六、注意事项

（1）涂片不宜过厚，以免脱色不完全，造成假阳性。

（2）乙醇脱色时间要适宜。否则，脱色不足，阴性菌被误染为阳性菌；脱色过度，阳性菌被误染为阴性菌。

（3）菌龄：应选择活跃生长期的幼培养物作革兰氏染色。培养时间过长或死亡及部分自溶，改变了细菌细胞壁的通透性，造成阳性菌的假阴性反应。

（4）火焰固定不宜过热。

（5）媒染剂的作用：媒染剂的作用是增加染料和细胞之间的亲和性或吸附力，即以某种方式帮助染料固定在细胞上，使之不易脱落。

七、思考题

（1）你的染色结果是否正确 明原因。

（2）革兰氏染色中，哪一步骤 响最终的结果？在什么情况下可以采用？

第三部分　芽孢、荚膜和鞭毛的染色

一、实验目的

学习掌握芽孢、荚膜和鞭毛的染色原理和方法。

二、实验原理

芽孢染色法是根据细菌的芽孢和菌体对染料的亲和力不同的原理，用不同的染料进行染色，使芽孢和菌体呈不同颜色而便于区别。芽孢壁厚、透性低，不易着色，当用着色力强的孔雀绿或石炭酸复红，在加热的情况下进行染色时，此染料可以进入菌体及芽孢使其着色，而进入芽孢的染料则难以被水洗脱。脱色后若再用对比度较大的染色剂复染，则芽孢囊及菌体呈复染剂的颜色，而芽孢呈初染颜色，这样就使芽孢和菌体更易于区分。

观察荚膜通常采用负染色法，荚膜难以着色，所以将菌体染色后，再使背景着色，从而把荚膜衬托出来。

观察鞭毛是在染色前先用媒染剂处理，将其堆积在鞭毛上使它加粗，再用染料进行染色。细菌只有在个体发育到一定的时期才具有鞭毛，一般在多次移种之后，在其旺盛生长阶段染色。

本实验对枯草芽孢杆菌进行芽孢染色，对褐球固氮菌进行荚膜染色，对普通变形菌进行鞭毛染色。

三、实验器材

菌种：枯草芽孢杆菌（*Bacillus subtilis*）、褐球固氮菌（*Azotobacter chroococcum*）、普通变形菌（*Proteus vulgaris*）。

染料：芽孢染色用 7.6%饱和孔雀绿液、0.5%番红水溶液。荚膜染色用石炭酸复红染液、墨汁。鞭毛染色用硝酸银染色液、Leifson 氏鞭毛染色液。

其他试剂及仪器、器具：显微镜、载玻片、接种环、酒精灯、香柏油、二甲苯、无菌水、1%盐酸、电炉、20% $CuSO_4$、95%乙醇、擦镜纸等。

四、实验步骤

1. 芽孢染色

Schaeffer-Fulton 法：取一干净载玻片按无菌法取枯草芽孢杆菌菌体少许制成涂片，

风干固定后，在涂菌处滴加数滴 7.6%的孔雀绿饱和水溶液，在微火上加热至染液冒出蒸气，开始计时，维持 5 min。加热过程中要及时补充染液，切勿让涂片干涸。

计时结束后待载玻片冷却后，缓慢用水冲洗至流出液无色，再用 0.5%番红水溶液染色 2 min，水洗，风干后镜检。芽孢被染成绿色，芽孢囊和营养体呈红色。

改良 Schaeffer-Fulton 法：在一支小试管中，滴入 2～3 滴蒸馏水，用接种环取枯草芽孢杆菌于水中，充分搅匀，使菌体分散，制成较浓的菌悬液。

然后滴加等体积的 7.6%的孔雀绿饱和水溶液，摇匀。将此试管放入沸水浴中煮 15～20 min，使芽孢及菌体着色。

取此菌液体 2～3 环在洁净的载片上做成涂片，通过火焰 3 次干燥固定后，在自来水下缓缓冲洗，使菌体脱色，再用番红复染 2～3 min。用水洗去多余染液，轻轻用吸水纸吸去水分，风干后镜检，结果可见芽孢被染成绿色，菌体呈现红色。

2.荚膜染色法

石炭酸复红染色法：取培养了 72 h 的褐球固氮菌制成涂片，自然干燥(不可用火焰烘干，以防荚膜变形)，滴入 1～2 滴乙醇固定(不可加热)。

加石炭酸复红染液染色 1～2 min，水洗脱色，自然干燥。

在载玻片一端滴加 1～2 滴墨汁，另取一块边缘光滑的载玻片与墨汁接触，再以匀速推向另一端，涂成均匀的一个薄层，自然干燥。

干燥后用油镜观察，可见菌体为红色，荚膜无色，背景黑色。

湿墨汁法：先制菌液。加一滴墨汁于洁净的玻片上，并挑取少量菌与其充分混合，加盖玻片，放一清洁盖玻片于混合液上，然后在盖玻片上放一张滤纸，向下轻压，吸收多余菌液。

镜检可见背景呈灰色，菌体较暗，在其周围呈现一明亮的透明圈，即荚膜。

3.鞭毛染色法

硝酸银染色法：先清洗载玻片。选择光滑无裂痕的载玻片，最好选用新的。为了避免载玻片向后重叠，应将载玻片插在专用金属架上。然后将载玻片置洗衣粉滤过液中(洗衣粉先经煮沸，再用滤纸过滤，以除去粗颗粒)，煮沸 20 min。取出稍稍冷却后即用自来水冲洗，晾干，再放入浓洗液中浸泡 5～6 d。使用前取出载玻片，用水冲去残酸，再用蒸馏水洗。将水沥干后，放入 95%乙醇中脱水。取出载玻片，在火焰上烧去酒精，立即使用。

菌液的制备及涂片：用于染色的菌种应预先连续移接 5～7 代。染色前用于接菌的培养基应是新鲜制备的，表面较湿润，在斜面底部应有少许冷凝水。将变形杆菌接种于肉汤斜面上，在适宜的温度下培养 15～18 h 后，用接种环挑取斜面底部菌苔数环，挑取菌种时尽量不要带入培养基。轻轻地移入盛有 1 mL 与菌种同温的无菌水中，不要振动，让有活动能力的变形菌能游入水中，菌悬液呈轻度混浊。在最适温度下保温 10 min，让老菌体下沉，而幼龄菌体在无菌水中可松开鞭毛。然后从试管菌悬液的上部挑取数环菌悬液，置于洁净玻片的一端，稍稍倾斜玻片，使菌液缓慢地流向另一端形成薄膜。置空气中自然干燥。

染色：滴加 A 液，染 4～6 min。染色结束，流加蒸馏水，轻轻地充分洗净 A 液。用 B 液冲去残水，再加 B 液于载玻片上，在微火上加热至冒蒸气，维持 0.5～1 min(加热时应随时补充蒸发掉的染液，不能使载玻片出现干涸)。用蒸馏水洗，干燥。

镜检：结果可见菌体和鞭毛呈深褐色至黑色，一般菌体颜色比鞭毛深一些。

Leifson 染色法：清洗载玻片，同硝酸银染色法。

菌液的制备及涂片：取一支小试管，滴入 2～3 滴蒸馏水，用接种环取枯草芽孢杆菌于水中，充分搅匀，使菌体分散，制成较浓的菌悬液。用记号笔在洁净载玻片背面上划分 3 至 4 个相等的区域。放 1 小环菌液于每一区的一端，将载玻片倾斜，让菌液流向另一端，在另一端用一张吸水纸吸去多余的菌液。涂片在空气中自然干燥。

染色：加染色液于第一区，使染料覆盖涂片。隔数分钟后染料加入第二区，以后依此类推(相隔时间可自行决定)，其目的是便于确定最合适的染色时间。在染色过程中要仔细观察。当整个玻片出现铁锈色沉淀，染料表面出现金色膜时，用水轻轻地冲洗(不要先倾倒染液再清洗，否则易造成背景不清)，染色时间一般约 10 min。洗净后自然干燥。

镜检：结果可见细菌和鞭毛都染成红色。

五、实验报告

绘出所观察菌的特殊结构。

六、注意事项

(1)芽孢染色所用菌种一般选取培养 18～24 h 的菌株。

(2)荚膜染色不能加热。

(3)荚膜背景染色加盖载玻片时注意不能留有气泡，否则会影响观察效果。

(4)鞭毛染色观察的保藏菌种，需在新鲜普通牛肉膏蛋白胨培养基活化 2～3 次，每次置于 30 ℃培养条件下，培养 10～15 h。

七、思考题

(1)芽孢染色为什么要加热或延长染色时间？

(2)荚膜染色涂片时为什么不加热固定？

(3)为什么荚膜染色要用负染色？

(乐山师范学院　龚明福　王燕)

实验4 放线菌、酵母菌和霉菌的形态观察

本实验分三个部分，包括放线菌的形态观察、酵母菌的形态观察和霉菌的形态观察，可以全部完成，也可选择进行。

第一部分 放线菌的形态观察

一、实验目的

掌握观察放线菌形态的基本方法，观察放线菌的基本形态特征。

二、实验原理

放线菌是一类由分枝状菌丝组成的、以孢子繁殖的 G^+ 细菌。其菌丝可分为基内菌丝（营养菌丝）、气生菌丝和孢子丝 3 种。在显微镜下直接观察时，气生菌丝在上层，色暗；基内菌丝在下层，颜色较透明。放线菌生长到一定阶段，大部分气生菌丝分化成孢子丝，孢子丝通过横隔分裂方式产生成串的分生孢子。孢子丝依种类的不同形态多样，有直形、波曲、钩状、螺旋状，着生方式有互生、轮生或丛生等。在油镜下观察，孢子也有球形、椭圆形、杆形、瓜子形、梭形和半月形等，它们的形态构造都是放线菌分类鉴定的重要依据。

为了观察放线菌的形态特征，人们设计了各种培养和观察方法，这些方法的主要目的是为了尽可能保持放线菌自然生长状态下的形态特征。常用的有插片法、水浸片法、玻璃纸法、搭片法和印片（压片）染色法，现多采用玻璃纸法观察。玻璃纸具有半透膜特性，其透光性与载玻片基本相同。利用玻璃纸在琼脂平板表面上的透析特性，能使接种于玻璃纸上的放线菌生长并形成菌苔，然后将长菌的玻璃纸贴在载玻片上直接镜检。这种方法既能保持放线菌的自然生长状态，也便于观察不同生长期的形态特征。

三、实验器材

1. 菌种

细黄链霉菌（*Streptomyces microflavus*）或青色链霉菌（*S. glaucus*）、弗氏链霉菌（*S. glaucus*）。

2. 培养基

高氏Ⅰ号琼脂培养基。

3. 仪器或其他用具

灭菌的平皿、玻璃管、盖玻片、玻璃棒以及载玻片、接种环、接种铲、镊子、显微镜等。

四、实验步骤

1. 放线菌自然生长状态的观察

(1)将灭菌后的高氏Ⅰ号培养基倒入培养皿，每皿倒 15 mL 左右，凝固后备用。

(2)用经火焰灭菌的小镊子，将灭菌的优质玻璃纸平铺在平皿培养基上，如果琼脂培养基和玻璃纸之间有气泡，可用灭菌的玻璃棒将气泡除去。

(3)将 3～5 mL 无菌水倒入链霉菌的斜面培养物里，制成菌悬液，再适当稀释。

(4)用无菌吸管取 0.1 mL 的孢子悬液稀释液，接种在玻璃纸上，用无菌玻璃棒涂匀后，置 28 ℃培养，直到菌长好，备用。

(5)在洁净的载玻片上滴一小滴水，稍涂布。取出培养皿，打开皿盖，用镊子将玻璃纸与培养基分开，再用剪刀剪取小片长有菌的玻璃纸，菌面朝上放在载玻片的水面上，使纸平贴在载玻片上。

(6)将载玻片置显微镜下观察。

2. 营养菌丝的观察

(1)用接种铲连同培养基挑取细黄链霉菌菌苔置载玻片中央。

(2)用另一载玻片将其压碎，弃去培养基，制成涂片，干燥，固定。

(3)用吕氏碱性美蓝染液或石炭酸复红染液染 0.5～1 min，水洗。

(4)干燥后，用油镜观察营养菌丝的形态。

3. 气生菌丝与营养菌丝的比较观察

(1)将高氏Ⅰ号培养基倒入无菌培养皿，制成厚 4 mm 左右的培养基平板，经培养后无菌，备用。

(2)用火焰灭菌的镊子将无菌盖玻片以 45°倾斜角插入平皿培养基琼脂内，然后将细黄链霉菌的孢子悬液(浓度以稀释 10^{-3}～10^{-2} 为好)，接种在盖玻片与平皿培养基的界面上。

(3)倒置于 28 ℃培养 4～5 d 后，小心地将盖玻片取出，把有菌的一面朝上放在载玻片上，置显微镜下进行观察。一般情况，气生菌丝颜色较深，比营养菌丝粗两倍左右。

4. 孢子丝及孢子的观察

(1)将培养 3～4 d 的细黄链霉菌培养皿打开，放在低倍镜下，寻找菌落的边缘，直接观察气生菌丝和孢子丝的形态，注意其分枝、卷曲等情况。

(2)取一块清洁的盖玻片,在菌落上轻轻按压一下,然后将印有痕迹的一面朝下放在有一滴吕氏碱性美蓝染液的载玻片上,将孢子等印浸在染液中制成印片。用油镜观察孢子、孢子丝的形态。

(3)用小刀切取一块细黄链霉菌培养物(带培养基),菌面朝上放在载玻片上。另取一洁净载玻片置火焰上微热后,盖在菌苔上,轻轻按压,使培养物(气丝、孢子丝或孢子)印在后一块载玻片中央,注意不要使培养物在玻片上滑动,否则印痕模糊不清。将制好的印片过火焰2～3次固定,用石炭酸复红染色1 min,水洗后晾干。用油镜观察孢子丝的形态及孢子排列情况。

五、实验报告

(1)绘图说明观察到的放线菌的主要形态特征。
(2)观察并绘制放线菌的孢子丝形态,并指明其着生方式。
(3)比较不同放线菌形态特征的异同。

六、思考题

(1)镜检时,如何区分放线菌的基内菌丝和气生菌丝?
(2)根据哪些形态特征来区分上述四种霉菌?
(3)玻璃纸培养、观察法是否还可用于其他类型微生物的培养和观察?为什么?

第二部分 霉菌的形态观察

一、实验目的

(1)了解四类常见霉菌的基本形态特征,学习并掌握培养和观察霉菌的基本方法。
(2)掌握霉菌小室载玻片培养方法。

二、实验原理

霉菌是由复杂的菌丝体组成,可分为基内菌丝、气生菌丝和繁殖菌丝,由繁殖菌丝产生孢子。霉菌的繁殖菌丝及孢子的形态特征是识别霉菌种类的重要依据。

观察霉菌形态的常用三种方法:

(1)乳酸石炭酸棉蓝浸片法:是将培养物置于乳酸石炭酸棉蓝染色液中,制成霉菌制片。由于霉菌菌丝较粗大(为3～10 μm),置于水中观察时,菌丝容易收缩变形,故常用乳酸石炭酸棉蓝染色液制片使细胞不会变形,染液的蓝色能增强反差,并具有防腐、防干燥、防止孢子飞散的作用，能保持较长时间，必要时还可用光学树胶封固，制成永久标本长期保存。但用接种针(或小镊子)挑取菌丝体时，菌体各部分结构在制片时易被破坏，不利于观察其完整形态。

(2)小室载玻片培养法：用无菌操作将培养基琼脂薄层置于载玻片上，接种后盖上盖玻片培养，霉菌即在载玻片和盖玻片之间的有限空间内沿盖玻片横向生长。培养一定时间后，将载玻片上的培养物置显微镜下观察。这种方法可以保持霉菌自然生长状态，便于观察到霉菌完整的营养和气生菌丝体的特化形态，例如曲霉的足细胞、顶囊，青霉的分生孢子穗，根霉的匍匐枝、假根等。此外，也便于观察不同发育时期的培养物。

(3)玻璃纸培养法：其操作方法与放线菌的玻璃纸培养观察方法相似。此种方法用于观察不同生长阶段霉菌的形态，亦可获得良好效果。

三、实验器材

(1)菌种：根霉(*Rhizopus* spp.)、毛霉(*Mucor* spp.)、曲霉(*Aspergillus* spp.)和青霉(*Penicillium* spp.)，培养 2～5 d 的 PDA 斜面和平板培养物。

(2)培养基：马铃薯葡萄糖琼脂(PDA)。

(3)溶液、染色剂：乳酸石炭酸棉蓝染色液、50%乙醇、20%甘油。

(4)仪器或其他用具：接种环、接种针或解剖针、镊子、解剖刀、酒精灯、载玻片、盖玻片、U 形玻璃棒、平皿、无菌细口滴管、显微镜、恒温培养箱等。

四、实验步骤

1.乳酸石炭酸棉蓝浸片法

在载玻片上滴一滴乳酸石炭酸棉蓝染色液，用解剖针(或小镊子)从霉菌菌落边缘处挑取少量已产孢子的霉菌菌丝，先置于 50%乙醇中浸一下以洗去脱落的孢子，再置于载玻片上的染液中，用解剖针小心地将菌丝分散开。盖上盖玻片(注意勿压入气泡和移动盖玻片，以免影响观察)，置于低倍镜和高倍镜下观察四类霉菌。内容如下：

根霉：用低倍镜观察孢子囊梗、囊轴等，用高倍镜观察孢子囊孢子的形状、大小。将根霉斜面培养物置于显微镜载物台上，用低倍镜观察根霉的孢子囊柄、孢子囊、假根和匍匐枝。

毛霉：用低倍镜观察孢子囊梗、囊轴等，用高倍镜观察孢子囊孢子的形状、大小。将毛霉斜面培养物置于显微镜载物台上，用低倍镜观察毛霉的孢子囊梗的粗细，孢子囊大小、形状、色泽等。

曲霉：在高倍镜下观察菌丝有无隔膜，分生孢子的着生位置，辨认分生孢子梗、顶囊、小梗和分生孢子。

青霉：在高倍镜下观察菌丝有无隔膜，分生孢子梗、副枝、小梗和分生孢子的形状等。

2.小室载玻片培养法

(1)培养小室的灭菌:将略小于平皿底部的圆滤纸片1张、U形玻璃棒、载玻片和两块盖玻片等放入平皿内,盖上平皿盖,包扎后于121 ℃灭菌30 min,置60 ℃烘箱中烘干备用。

(2)琼脂块的制作:取已灭菌的PDA琼脂培养基6～7 mL注入另一灭菌平皿中,使之凝固成薄层。用解剖刀切成0.5～1.0 cm^2 的琼脂块,并将其移至上述培养室中的载玻片上(每片放两块)。制作过程应注意无菌操作。

(3)接种和培养:用接种针挑取很少量的青霉或曲霉孢子接种于培养基四周,用无菌镊子将盖玻片覆盖在琼脂块上,并轻压使之与载玻片间留有极小缝隙,但不能紧贴载玻片,否则不透气。先在平皿的滤纸上加3～5 mL灭菌的20%甘油(用于保持平皿内的湿度),盖上皿盖,皿盖上注明菌名、组别和接种日期,置28～30 ℃培养3～5 d。

(4)镜检:培养至1～2 d后进行逐日观察霉菌生长发育情况。用低倍镜和高倍镜观察小室载玻片培养的曲霉分生孢子头和青霉的帚状枝形态,菌丝有无隔膜等情况。

五、实验报告

(1)根据观察结果,按比例绘图说明根霉、毛霉、曲霉(低倍镜下)、青霉(高倍镜下)的形态特征,并标明结构名称。

(2)列表比较根霉与毛霉,青霉与曲霉在形态结构上的异同。

六、思考题

(1)你主要根据哪些形态特征来区分根霉和毛霉,青霉和曲霉?

(2)根据小室载玻片培养方法的基本原理,你认为上述操作过程中的哪些步骤可以根据具体情况做一些改进或可用其他方法替代?

(3)你认为在显微镜下,细菌、放线菌、酵母菌和霉菌的主要区别是什么?

第三部分　酵母菌的形态观察

一、实验目的

(1)观察啤酒酵母和假丝酵母的基本形态特征及其出芽繁殖方式,学习并掌握培养和观察酵母菌的基本方法。

(2)了解酵母菌产生子囊孢子的条件及其形态,学习区分酵母菌死活细胞的实验方法。

二、实验原理

酵母菌是以出芽繁殖为主要特征的、不运动的单细胞真核微生物。其细胞核与细胞质有明显分化，个体大小比常见细菌大几倍甚至十几倍。酵母菌的形态通常有球状、卵圆状、椭圆状、柱状或香肠状等多种。酵母菌的无性繁殖主要是芽殖，其次是裂殖与产生掷孢子和厚垣孢子；有性繁殖是通过接合产生子囊孢子。酵母菌的母细胞在一系列的芽殖后，如果长大的子细胞与母细胞并不分离，就会形成藕节状的假菌丝。

本实验用生理盐水（或革兰氏染色用碘液）制作水浸片来观察酵母菌的形态和出芽繁殖方式，并用美蓝水浸片鉴别酵母细胞的死活。美蓝是一种无毒的弱氧化剂染料，其氧化型呈蓝色，还原型无色。用美蓝对酵母的活细胞进行染色时，由于细胞的新陈代谢作用，细胞内具有较强的还原能力，能使美蓝由蓝色的氧化型变为无色的还原型。因此，具有还原能力的酵母活细胞为无色，而死细胞或代谢作用微弱的衰老细胞则呈蓝色或淡蓝色，故可用美蓝鉴别细胞的死活。应注意美蓝的浓度不宜过高（一般以 0.05%浓度为宜），染色时间不宜过长，否则对细胞活性有影响。

在酵母菌中能否形成子囊孢子及其形态是酵母菌分类鉴定的重要依据之一。在生产上往往以子囊孢子生成的快慢鉴别野生酵母与生产酵母，一般野生酵母生成子囊孢子的速度较快。双倍体酵母细胞经多次芽殖或裂殖后，在适宜条件下能形成子囊孢子。酵母菌形成子囊孢子需要一定的条件，故对不同种属的酵母菌要选择适合形成子囊孢子的培养基。将啤酒酵母从营养丰富的培养基上移植到产孢子培养基——麦氏（McClary）培养基（醋酸钠培养基）上，适温下培养，可诱导形成子囊孢子。

三、实验器材

（1）菌种：啤酒酵母（*Saccharomyces cerevisiae*）、假丝酵母（*Candida* spp.），28 ℃培养 24～48 h 的麦芽汁（或 PDA 培养基）斜面试管培养物。

（2）培养基：麦芽汁琼脂斜面试管、马铃薯葡萄糖琼脂（PDA）平板或玉米粉蔗糖琼脂平板、醋酸钠琼脂斜面试管或平板（麦氏培养基）。

（3）溶液、染色剂：生理盐水、革兰氏染色用碘液、0.05%和 0.1%美蓝染色液（以 pH6.0 的 0.02 mol/L 磷酸缓冲液配制）、5%孔雀绿染色液、95%乙醇、0.5%沙黄染色液、0.04%或 0.1%中性红染色液（水溶）。

（4）仪器或其他用具：接种环、酒精灯、载玻片、盖玻片、镊子、显微镜、恒温培养箱。

四、实验步骤

1.啤酒酵母的形态观察

（1）生理盐水浸片法：在载玻片中央加 1 滴无菌生理盐水（不宜用无菌水制作水浸

片，否则细胞易破裂)，然后按无菌操作以接种环取少量啤酒酵母菌苔与生理盐水混匀，使其分散成云雾状薄层，另取一清洁盖玻片，将一边与菌液接触，以45°角缓慢覆盖菌液(避免留有气泡而影响观察)。先用低倍镜观察，再用高倍镜观察酵母菌的形态、大小及出芽情况。

(2)水—碘液浸片法：在载玻片中央加1小滴革兰氏染色用碘液，然后在其上加3小滴水，取少许酵母菌苔放在水—碘液中混匀，盖上盖玻片后镜检。

2.假丝酵母的形态观察

用划线法将假丝酵母接种在PDA琼脂或玉米粉琼脂培养基平板上，在划线部位加无菌盖玻片，于25～28 ℃培养3 d，用无菌镊子取下盖玻片放于洁净载玻片上。先用低倍镜观察，再用高倍镜观察呈树枝状分枝的假菌丝形态，或打开平皿盖，在显微镜下直接观察。假丝酵母刚形成的假菌丝和出芽繁殖形成的芽体不易区别，前者由细胞伸长成圆筒形，后者从其末端部或出芽连接部出芽，当生成丝状时则较易区别。

3.酵母菌死活细胞的鉴别

在载玻片中央加1滴0.1%美蓝染色液，然后按无菌操作以接种环挑取少量啤酒酵母菌苔与染色液混匀，染色2～3 min。另取一清洁盖玻片，将一边与菌液接触，以45°角缓慢覆盖菌液。先用低倍镜，再用高倍镜观察酵母菌的形态和出芽情况，区分其母细胞与芽体，区分死细胞(蓝色)、活细胞(不着色)和老龄细胞(淡蓝色)。染色约30 min后再次进行观察。用0.05%美蓝染液重复上述操作。在一个视野里计数死细胞和活细胞，共计数5～6个视野。

酵母菌死亡率一般用百分数来表示，可用公式计算：

$$死亡率=死细胞总数/死活细胞总数\times 100\%$$

4.酵母菌子囊孢子的观察

(1)菌种活化与子囊孢子的培养：将啤酒酵母移种至新鲜麦芽汁琼脂斜面上，25～28 ℃培养24 h，如此连续移种2～3次，每次培养24 h。将经活化的菌种划线转接到醋酸钠琼脂斜面或平板上，25～28 ℃培养约1周。

(2)染色与观察：挑取少许产孢子菌苔于载玻片的水滴中，经涂片、干燥、热固定后，加数滴孔雀绿，染色1 min后水洗，加95%乙醇脱色30 s后水洗，最后用0.5%沙黄复染30 s后水洗，用吸水滤纸吸干。油镜观察子囊孢子呈绿色，菌体和子囊呈粉红色。注意观察子囊孢子的数目、形状和子囊的形成率。

亦可不经染色直接制作水浸片，用高倍镜观察。水浸片中的酵母菌的子囊为圆形大细胞，内有2～4个圆形的小细胞即为子囊孢子。

(3)计算子囊形成的百分率：计数时随机取3个视野，分别计数产子囊孢子的子囊数和不产孢子的细胞，然后按下列公式计算：

$$子囊形成率=\frac{3个视野中形成子囊孢子数}{3个视野中形成子囊与不产孢子细胞总数}\times 100\%$$

5. 酵母菌液泡的活体观察

于洁净载玻片中央加一滴中性红染色液，取少量啤酒酵母斜面菌苔与染色液混匀，染色 5 min，加盖玻片，在高倍镜下观察，细胞无色，液泡呈红色。中性红是液泡的活体染色剂，在细胞处于生活状态时，液泡被染成红色，细胞质及核不着色。若细胞死亡，液泡染色消失，细胞质及核呈现弥散性红色。

五、实验报告

(1)按比例大小，绘图说明你所观察到的酵母菌的形态特征。
(2)绘出啤酒酵母的子囊和子囊孢子的形态图。
(3)记录并计数酵母菌的死亡率及子囊形成率(原始记录与计算结果)。

六、思考题

(1)在显微镜下，酵母菌有哪些突出的形态特征区别于一般细菌？
(2)试分析不同的吕氏碱性美蓝染色液浓度和作用时间对酵母菌的死细胞数量有何影响？
(3)酵母菌的假菌丝是怎样形成的？与霉菌的真菌丝有何区别？
(4)如何区别酵母菌的营养细胞和释放出子囊外的子囊孢子？
(5)试设计一个从子囊中分离子囊孢子的实验方案。

(绵阳师范学院　陈希文)

实验 5　微生物生长实验

本实验分三个部分，包括大肠杆菌细菌生长曲线的测定，显微镜直接计数法和生长谱法测定微生物的营养要求，可以全部完成，也可选择进行。

第一部分　大肠杆菌细菌生长曲线的测定

一、实验目的

(1)了解大肠杆菌生长曲线的特点及其测定的原理。

(2)掌握用比浊法测定细菌生长曲线的操作方法。

二、实验原理

一定量的微生物接种于合适的新鲜液体培养基中，在适宜温度下培养，以菌数的对数作纵坐标，生长时间作横坐标，做出的曲线叫生长曲线。不同的微生物有不同的生长曲线，同一微生物在不同的培养条件下生长曲线也不一样。一般生长曲线可分为延迟期、对数期、稳定期和衰亡期。测定在一定条件下培养的微生物的生长曲线，了解其生长繁殖规律，对科研和生产都有重要的指导意义。

测定微生物生长曲线的方法很多，血细胞计数板法适用于霉菌孢子及酵母的计数；平板菌落计数法适用于单细胞的细菌；称重法适用于霉菌和放线菌生长的测定。本实验采用比浊法测定大肠杆菌的生长量。细菌悬液的浓度与混浊度成正比，因此可用光电比色计测定细菌悬液的光密度推知菌液的浓度，以测得的结果与其相对应的培养时间绘出生长曲线。已有直接用试管便可测定光密度(OD 值)的光电比色计，只要接种一支试管，定期用它测定。其优点是可不改变菌液体积并在同一试管内连续测定。

三、实验器材

培养 18～20 h 的大肠杆菌培养液，盛有 5 mL 牛肉膏蛋白胨液体培养基的大试管 2 支，装有 60 mL 牛肉膏蛋白胨液体培养基的 250 mL 三角瓶 1 只，分光光度计，恒温摇床，无菌吸管，无菌大试管等。

四、实验步骤

(1)取 11 支无菌大试管编号，标明时间 0、1.5、3、4、6、8、10、12、14、16、20 h。

(2)接种：用 5 mL 吸管吸取 2.5 mL 大肠杆菌培养液，放入装有 60 mL 肉汤培养基的三角瓶中，混匀后分别吸取 5 mL，放入已编号的 11 支大试管中。

(3)培养：将 11 支试管置于水浴恒温摇床上，37 ℃振荡培养。分别在 0、1.5、3、4、6、8、10、12、14、16、20 h 后取出，放入冰箱中贮存，最后一起比浊测定。

(4)比浊：以未接种的牛肉膏蛋白胨培养液作空白，选用 540～560 nm 波长进行光电比浊测定。从最稀浓度的菌悬液开始依次测定。对浓度大的菌悬液用未接种的牛肉膏蛋白胨培养液适当稀释后再测定，使其光密度值在 0.1～0.65 之内，记录 OD 值。

本操作步骤也可用简便的方法代替：

(1)用 1 mL 无菌吸管吸取 0.25 mL 大肠杆菌过夜培养液转入有 5 mL 牛肉膏蛋白胨液体培养基的试管中，混匀后直接插入分光光度计比色槽中，比色槽上方用自制的暗盒将比色槽暗室全部罩上，形成一个暗环境，另以一支装有牛肉膏蛋白胨液的试管(未接种)调节零点，测定样品中培养 0 h 的 OD 值。测定完毕取出试管置 37 ℃振荡培养。

（2）分别在培养0、1.5、3、4、6、8、10、12、14、16和20 h后，取出试管按上述方法测定OD值。

该方法准确、简便，但必须注意所用的两支试管要很干净，透光度接近。

五、注意事项

（1）选择试管时应力求选取质地相同，内外直径一致，管壁厚薄均匀的试管。在比色管架上以分光光度计的计值法选取则更精确。

（2）在生长曲线测定中，要用空白对照管的培养液随时校正光度计的零点。

六、实验报告

（1）将测定的OD值填入表1-2。

表1-2　OD值测定结果记录表

项目	空白对照	测定时间(h)										
		0	1.5	3	4	6	8	10	12	14	16	20
OD值												

（2）以菌悬液光密度值为纵坐标，培养时间为横坐标，绘出大肠杆菌生长曲线，并标出生长曲线中四个时期的位置及名称。

（3）试设计一个实验，利用血球计数板进行对酵母生长曲线的测定。

七、思考题

（1）为什么比浊法测定细菌的生长只表示细菌的相对生长状况？它有何优点？

（2）用光电比浊法测定OD值时应如何选择其波长？为什么要用未接种的牛肉膏蛋白胨液作空白对照？

第二部分　显微镜直接计数法

一、实验目的

（1）了解血细胞计数板的构造及计数原理。

（2）掌握使用血细胞计数板进行微生物计数的方法。

二、实验原理

微生物数量测定的方法很多，通常采用的有镜检直接计数法和平板计数法。

菌体较大的如酵母菌或霉菌孢子可采用血球计数板；一般细菌则采用彼得罗夫—霍瑟(Petrog-Hausser)细菌计数板。两种计数板的原理和部件相同，只是细菌计数板较薄，可使用油镜来观察；血球计数板较厚，不能使用油镜，在血球计数板上细菌不易看清。

血球计数板是一特制的厚载玻片，见图 1-6。玻片中部平台上有两个方格网，每个方格网的中央有一个大方格，面积为 1 mm^2，等分成 400 个小方格。血球计数板小格的刻法各厂略有不同，有的为 16 个小方格组成一个大方格(区)，有的为 25 个小方格组成一个大方格(区)，总数都是 400 个小方格，每个小方格的面积相同，即每个小方格的面积为 1/400 mm^2，又因每个小格的深度为 0.1 mm，所以其容积为 1/400 mm^3。因此，使用血球计数板直接镜检计数，是要先测定若干个小方格中微生物的数量，求得平均数，再换为每毫升菌液(或每克样品)中微生物细胞的数量。

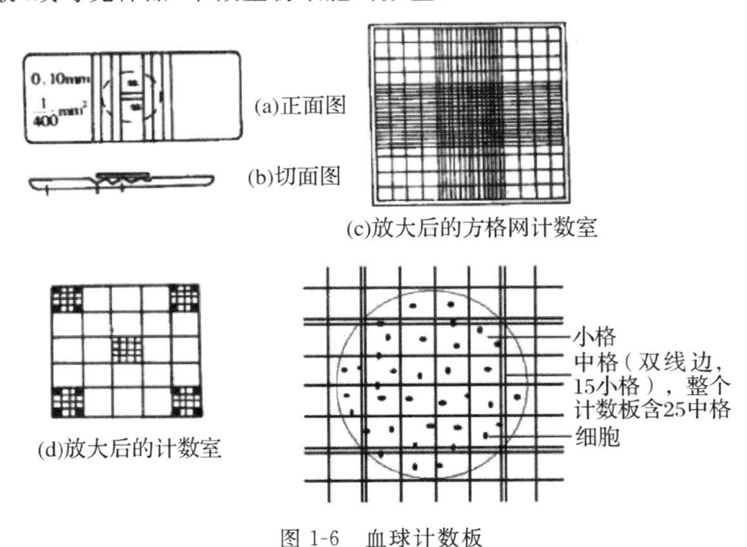

图 1-6 血球计数板

镜检计数法适用于各种含单细胞菌体的纯培养体悬浮液，但如有杂菌或杂质常不易分辨。

三、实验器材

(1)菌种：啤酒酵母。

(2)仪器设备：血细胞计数板、计数器、显微镜、吸管、生理盐水、试管、1 mL 移液器。

(3)菌液准备：将啤酒酵母菌接种于麦芽汁液体培养基中，置恒温培养箱 28 ℃、100 r/min 培养 24 h。

四、实验步骤

（1）镜检计数室：加样前，将血球计数板及盖玻片用擦镜纸或绸布擦干净后，先对计数板的计数室进行镜检，若有污物需要清洗，干燥后使用。

（2）视待测菌液浓度，加无菌水适当稀释，以每小格的菌数可数为度（以每中格 10～20 个酵母菌为宜）。

（3）把盖玻片盖在计数板的刻度上，以玻棒（或滴管）蘸取已稀释的酵母菌悬液，从盖玻片的一端注入，使菌液沿两玻片间渗入（勿使菌液流到两边平台上，否则使盖玻片抬高），并用吸水纸吸干沟槽中流出的多余菌液。

（4）计数方法：

16×25 规格的计数板，需计数左上、右上、左下、右下 4 个中格（共 100 个小格）的酵母菌。

25×16 规格的计数板，除计数左上、右上、左下、右下 4 个中格外，还需加数中央的一个中格（共 80 个小格）的酵母菌。

每个样品重复上样并计数 8 次，取平均值，见图 1-7。

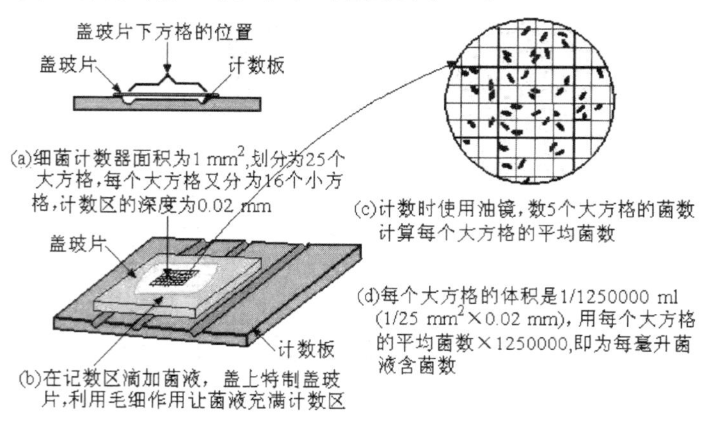

图 1-7　显微镜测数后，需要做的计算

（5）计算公式：

16×25 规格的计数板：

酵母菌细胞数/mL＝100 小格内酵母菌细胞个数/100×400×10^4×稀释倍数

25×16 规格的计数板：

酵母菌细胞数/mL＝80 小格内酵母菌细胞个数/80×400×10^4×稀释倍数

五、注意事项

（1）制备菌体悬液时，应尽量使菌体细胞分散又便于测数。

（2）用血球计数板测得的微生物细胞数为其总量，而不能计算细胞的死活数量。若要区分计数样品中的死菌和活菌数量，则可采用微生物的活体染色法。活体染色法就是用对微生物无毒性的染料(如美蓝、刚果红、中性红等染料)，在一定浓度下，利用活细胞对染料的还原能力，改变染料的颜色，从而区分死活细胞。0.05%的美蓝溶液常用于酵母死活细胞的区分。活细胞使美蓝脱氢还原，细胞呈现无色；死细胞或代谢活力差的细胞则还原力差，细胞呈现蓝色或淡蓝色。

(3)注意调节显微镜光线的强弱，用低倍镜找计数室光线要暗一些。

(4)细菌计数板每一小格的上方空隙高度仅为0.02 mm，其容积为$1/400\times0.02=1/20000\ mm^3$。显微镜测数后，需要做不同的计算，得到每毫升菌液含菌数：

$$每毫升菌液含菌数 = 每小格平均数\times20000\times1000\times稀释倍数$$

六、实验报告

将结果记录于表1-3，并计算每毫升(克)所测样品的含菌数。

表1-3 酵母悬液计数表(血细胞计数板)

实验次数	各中格细胞数					总菌数	稀释倍数	平均值	含菌数(个/mL)
	左上	左下	右上	右下	中				

七、思考题

(1)根据实验体会，你认为血细胞计数板的误差来自哪些方面，如何提高实验数据的真实性？

(2)在用血球计数板进行酵母细胞的计数时，有同学认为在同一视野中应该适当微调焦距，仔细观察才能保证计数完整，他的看法是否正确？

第三部分 生长谱法测定微生物的营养要求

一、实验目的

掌握生长谱法测定微生物营养需要的基本原理和常用方法。

二、实验原理

微生物生长繁殖需要适宜的营养条件，碳源、氮源、无机盐、微量元素、生长因子等都是微生物生长必需的，缺少任何一种相应的营养物质都会成为生长的限制因子，微生物便不能正常生长、繁殖。同一类营养物质，微生物能够利用的种类也各不相同。

定性分析时，通常配制一种缺乏某种营养物质(例如碳源)的琼脂培养基，接入菌种混匀后倒平板，再将所缺乏的营养物质(如各种碳源)灭菌后点植于平板上。在适宜的条件下，该营养物便逐渐扩散于植点周围。该微生物若需要此种营养物，便在这种营养物扩散处生长繁殖，微生物繁殖之处便出现圆形菌落圈，即生长图形，故称此法为生长谱法。

生长谱法可以定性、定量地测定微生物对各种营养物质的需求，在微生物育种、营养缺陷型鉴定以及饮食制品质量检测等方面有重要用途。如利用某些对生长因子的需求具有较高的专一性的微生物，通过“微生物分析”(microbiological assay)对样品中维生素或氨基酸进行定量是食品检测中常用的方法。

三、实验器材

大肠杆菌、合成培养基(缺碳源)、木糖、葡萄糖、半乳糖、麦芽糖、蔗糖、乳糖、生理盐水等；无菌平皿、无菌牙签、吸管等。

四、实验步骤

(1)将培养 24 h 大肠杆菌斜面用生理盐水制成菌悬液。

(2)将合成培养基(缺碳源)熔化并冷却至 50 ℃左右，加入上述菌悬液并混匀，倒平板。

(3)在两平板底用记号笔分别划分成 6 个区域，并标明要点植的各种糖。

(4)用 6 根无菌牙签分别挑取 6 种糖对号点植，取糖量为小米粒大小即可。

(5)糖粒溶化后再将平板倒置于 37 ℃保温 18～24 h，观察各种糖周围有无菌落圈。

五、注意事项

(1)在点植时糖要集中，取糖量约为小米粒大小即可，糖量过多溶化后糖液扩散区域过大，会导致不同的糖相互混合。

(2)点植糖粒后不可匆忙将平板倒置，否则尚未溶化的糖粒会掉在皿盖上。

六、实验报告

绘图表示大肠杆菌在平板上的生长状况。根据实验结果分析大肠杆菌能利用的碳源是什么？

七、思考题

(1)在用生长谱法测定微生物碳源要求的试验中，发现某一种不能被该微生物利用的碳源，其周围也长出菌落圈，试分析可能的原因并设法解决这个问题。

(2)在某微生物学实验室做实验的学生，不慎将两种较贵的氨基酸样品标签弄混。这两种氨基酸均为白色粉末，在外观上很难区分；一时难以找到纸层析分析所需的标准氨基酸对照样品，实验室也不具备氨基酸分析仪；但此实验室有许多不同类型的氨基酸营养缺陷型菌株。这时可采取什么简单的微生物学实验将这两种氨基酸区分开？

(3)试设计实验方案，利用某微生物测定某一样品中维生素 B 的含量。

（内江师范学院　黎勇）

实验 6　微生物的生理生化试验

在酶的催化下，微生物细胞进行各种各样的生理生化反应。在一定的条件下培养，通过观察微生物细胞的生理现象和检查代谢产物，可以了解微生物的代谢过程和代谢的特点。由于不同的微生物可能具有不同的酶，代谢途径和代谢产物可能也有不同，而细菌特有的单细胞原核生物的特性，使得这些差异就表现得更加明显。即使在分子生物学技术和手段不断发展的今天，微生物的生理生化反应在菌株的分类鉴定中仍有很大作用。

第一部分　细菌的生理生化试验(一)

一、实验目的

(1)巩固微生物无菌接种技术。

(2)了解细菌鉴定中常用的生理生化实验的原理和方法。

(3)掌握测定细菌生理生化反应的技术和方法。

二、实验原理

有些细菌具有合成淀粉酶的能力，可以分泌胞外淀粉酶。淀粉酶可以使淀粉水解为麦芽糖和葡萄糖，淀粉水解后遇碘不再变蓝色。细菌产生的脂肪酶能分解培养基中的脂肪生成甘油及脂肪酸。脂肪酸可以使培养基pH下降，可通过在油脂培养基中加入中性红作指示剂进行测试。中性红指示范围为pH6.8(红)~8.0(黄)。当细菌分解脂肪产生脂肪酸时，则菌落周围培养基中出现红色斑点。某些细菌分泌蛋白酶分解明胶，产生小分子物质。如果细菌具有分解明胶的能力，则培养基可由原来固体状态变成液体状态。牛乳中主要含有乳糖、酪蛋白等成分。细菌对牛乳的利用主要是指对乳糖及酪蛋白的分解和利用。牛乳中常加入石蕊作为酸碱指示剂和氧化还原指示剂。石蕊中性时呈淡紫色，酸性时呈红色，碱性时呈蓝色，还原时则部分或全部脱色。

细菌对牛乳的利用可分三种情况：

(1)酸凝固作用：细菌发酵乳糖后，产生许多酸，使石蕊牛乳变红，当酸度很高时，可使牛乳凝固，此称为酸凝固。(2)凝乳酶凝固作用：某些细菌能分泌凝乳酶，使牛乳中的酪蛋白凝固，这种凝固在中性环境中发生。通常这种细菌还具有水解蛋白质的能力，因而产生氨等碱性物质，使石蕊变蓝。(3)胨化作用：酪蛋白被水解，使牛乳变成清亮透明的液体。胨化作用可以在酸性条件或碱性条件下进行，一般石蕊色素被还原褪色。

三、实验器材

(1)菌种：大肠杆菌(*E. coli*)、枯草杆菌(*Bacillus subtilis*)、金黄色葡萄球菌(*Staphylococcus aureus*)、产气肠杆菌(*Enterobacter aerogenes*)、黏乳产碱杆菌(*Alcaligenes viscolactis*)、铜绿假单胞菌(*Psudomonas aeruginosa*)、普通变形杆菌(*Proteus vularis*)。

(2)培养基：淀粉培养基，牛肉膏蛋白胨培养基加0.2%的可溶性淀粉；油脂培养基，牛肉膏蛋白胨培养基加花生油10 mL，0.6%中性红水溶液1 mL；明胶液化培养基，蛋白胨5 g，明胶100~150 g，水1000 mL，pH7.2~7.4，115 ℃灭菌20 min。石蕊牛乳培养基，牛奶粉100 g，石蕊0.075 g，水1000 mL，pH6.8，121 ℃灭菌15 min。

(3)试剂：卢哥氏碘液。

(4)培养皿、接种环、酒精灯、试管、接种针等。

四、实验步骤

(一)淀粉水解试验

(1)准备淀粉培养基平板：将熔化后冷却至50 ℃左右的淀粉培养基倒入无菌平皿中，待凝固后制成平板。

(2)接种:用记号笔在平板底部划成两部分,在每部分分别写上菌名,用接种环取少量的待测菌,点接在培养基表面的相对应部分的中心,其中一个菌种应是枯草杆菌作对照菌。

(3)培养:将接种后的平皿置于28 ℃恒温箱培养24 h。

(4)检测:取出平板,打开平皿盖,滴加少量的碘液于平板上,轻轻旋转,使碘液均匀铺满整个平板。菌落周围如出现无色透明圈,则说明淀粉已经被水解,表示该细菌具有分解淀粉的能力。可以用透明圈大小说明测试菌株水解淀粉能力的强弱。

(二)油脂水解试验

(1)将装有油脂培养基的三角瓶置于沸水浴中熔化,取出并充分振荡,使油脂均匀分布,再倾入无菌平皿中,待凝固成平板。

(2)接种:于同一平皿的两边接种,其中一种是金黄色葡萄球菌作为对照菌。置于37 ℃恒温箱培养24 h,取出后观察平板菌苔颜色,如果出现红色斑点,即说明脂肪被水解了,此反应为正反应。红色斑点大小说明测试菌株水解脂肪能力的强弱。

(三)明胶液化试验

(1)接种:用穿刺接种法接种大肠杆菌或产气肠杆菌于明胶培养基中。

(2)培养:放入20 ℃恒温箱中培养48 h。若细菌在20 ℃下不长,则应放在最适温度下培养。

(3)观察结果:观察培养基有无液化情况及液化后的形状。

因明胶在低于20 ℃时凝固,高于25 ℃时自行液化,若是在高于20 ℃下培养的细菌,观察时应放在冰浴中观察,若明胶被细菌液化,即使在低温下明胶也不会再凝固。

(四)石蕊牛乳试验

(1)接种:将黏乳产碱杆菌和铜绿假单胞菌接种入石蕊牛乳培养基中。

(2)培养:将接种后的试管于37 ℃培养7 d,另外保留一支不接种的石蕊牛乳培养基作为对照。

(3)结果观察:取出培养物,以不接种任何细菌的试管为对照,观察接种不同细菌生长后的变化情况。

五、实验报告

记录生理生化反应测定结果。

第二部分　细菌的生理生化试验(二)

一、实验目的

(1)了解细菌鉴定中常用的生理生化实验的原理和方法。

(2)掌握测定细菌生理生化反应的技术和方法。

二、实验原理

各种微生物在代谢类型上表现了很大的差异。不同细菌分解、利用糖类、脂肪类和蛋白类物质的能力不同,所以其发酵的类型和产物也不相同,也就是说,不同微生物具有不同的酶系统。

三、实验器材

(1)菌种:大肠杆菌(*Escherichia coli*)、产气肠杆菌(*Enterobacter aerogenes*)、普通变形杆菌(*Proteus vulgaris*)、枯草芽孢杆菌(*Bacillus subtilis*)的斜面菌种。

(2)培养基:葡萄糖蛋白胨水培养基、蛋白胨水培养基、糖发酵培养基(葡萄糖、乳糖或蔗糖)。

(3)试剂:40%NaOH 溶液、肌酸、甲基红试剂、吲哚试剂、乙醚、1.6%溴甲基酚紫指示剂。

(4)设备:超净工作台、恒温培养箱、高压灭菌锅、试管、移液管、杜氏小套管。

五、实验步骤

实验的顺序:糖发酵试验→V. P. 试验→甲基红试验→吲哚试验。

(一)糖类发酵试验

了解不同细菌分解利用糖的能力及原理。可将细菌分解利用糖能力的差异和表现出是否产酸产气作为鉴定菌种的依据。是否产酸,可在糖发酵培养基中加入指示剂溴甲酚紫(即 B. C. P 指示剂,其 pH 在 5.2 以下呈黄色,pH 在 6.8 以上呈紫色),经培养后根据指示剂的颜色变化来判断。是否产气,可在发酵培养基中放入倒置杜氏小管观察。

1. 菌种

大肠杆菌(*Escherichia coli*)、产气肠杆菌(*Enterobacter aerogenes*)、普通变形杆菌(*Proteus vulgaris*)的斜面菌种。

2. 培养基

葡萄糖、蔗糖和乳糖发酵培养液试管。

3. 流程

发酵液试管→标记→接种→培养→观察→记录。

4. 步骤

(1)试管标记

取分别装有葡萄糖、蔗糖和乳糖发酵培养液试管各 4 支，每种糖发酵试管中均分别标记大肠杆菌、产气肠杆菌、普通变形杆菌和空白对照。

(2)接种培养

以无菌操作分别接种少量菌苔至以上各相应试管中，每种糖发酵培养液的空白对照均不接菌。将装有培养液的杜氏小管倒置放入试管中，置 37 ℃恒温箱中培养，分别在培养 24 h、48 h 和 72 h 后观察结果。

(3)观察记录

与对照管比较，若接种培养液保持原有颜色，其反应结果为阴性，表明该菌不能利用该种糖，记录用“－”表示；如培养液呈黄色，反应结果为阳性，表明该菌能分解该种糖产酸，记录用“＋”表示。培养液中的杜氏小管内有气泡为阳性反应，表明该菌分解糖能产酸并产气，记录用“＋”表示；如杜氏小管内没有气泡为阴性反应，记录用“－”表示。

(二)乙酰甲基甲醇试验(V. P. 试验)

某些细菌在葡萄糖蛋白胨水培养液中能分解葡萄糖产生丙酮酸，丙酮酸缩合，脱羧成乙酰甲基甲醇，后者在强碱环境下，被空气中的氧气氧化为二乙酰，二乙酰与蛋白胨中的胍基生成红色化合物，称 V. P. (＋)反应。

1. 菌种

大肠杆菌(*Escherichia coli*)、产气肠杆菌(*Enterobacter aerogenes*)、普通变形杆菌(*Proteus vulgaris*)、枯草芽孢杆菌(*Bacillus subtilis*)的斜面菌种。

2. 培养基

葡萄糖蛋白胨培养液的试管。

3. 流程

培养液试管→标记→接种→培养→观察→记录。

4. 步骤

(1)标记试管

取 5 支装有葡萄糖蛋白胨培养液的试管，分别标记大肠杆菌、产气肠杆菌、普通变形杆菌、枯草芽孢杆菌和空白对照。

(2)接种培养

以无菌操作分别接种少量菌苔至以上相应试管中，空白对照管不接菌，置 37 ℃恒温箱中，培养 24～48 h。

(3)观察记录

取出以上试管，振荡 2 min。另取 5 支空试管相应标记菌名，分别加入 3～5 mL 以上对应管中的培养液，再加入 40%NaOH 溶液 10～20 滴，并用牙签挑入约 0.5～1 mg 微量肌酸，振荡试管，以使空气中的氧溶入。置 37 ℃恒温箱中保温 15～30 min 后，若培养液呈红色，记录为 V. P. 试验阳性反应(用“＋”表示)；若不呈红色，记录为 V. P. 试验阴性反应(用“－”表示)。

注意：原试管中留下的培养液做甲基红试验。

(三)甲基红试验(M. R. 试验)

肠杆菌科各菌属都能发酵葡萄糖，在分解葡萄糖过程中产生丙酮酸，进一步分解中，由于糖代谢的途径不同，可产生乳酸、琥珀酸、醋酸和甲酸等大量酸性产物，可使培养基 pH 值下降至 4.5 以下，使甲基红指示剂变红。

1. 菌种

同 V. P. 试验。

2. 培养基

同 V. P. 试验。

3. 流程

培养液→指示剂→观察→记录结果。

4. 步骤

于 V. P. 试验留下的培养液中，各加入 2～3 滴甲基红指示剂，注意沿管壁加入，仔细观察培养液上层，若培养液上层变成红色，即为阳性反应；若仍呈黄色，则为阴性反应，分别用“＋”或“－”表示。

(四)吲哚试验

有些细菌含有色氨酸酶，能分解蛋白胨中的色氨酸生成吲哚(靛基质)。吲哚本身没有颜色，不能直接看见，但当加入对二甲基氨基苯甲醛试剂时，该试剂与吲哚作用，形成红色的玫瑰吲哚。

1. 菌种

同 V. P. 试验。

2. 培养基

蛋白胨水培养基。

3.试剂

二甲基氨基苯甲醛溶液、乙醚。

4.流程

标记试管→接种→培养→观察→记录。

5.步骤

(1)试管标记

取装有蛋白胨水培养液的试管5支,分别标记大肠杆菌、产气肠杆菌、普通变形杆菌、枯草芽孢杆菌和空白对照。

(2)接种培养

以无菌操作分别接种少量菌苔到以上相应试管中,第5管作空白对照不接种,置37 ℃恒温箱中培养24~48 h。

(3)观察记录

在培养液中加入乙醚1~2 mL,经充分振荡使吲哚萃取至乙醚中,静置片刻后乙醚层浮于培养液的上面,此时沿管壁缓慢加入5~10滴吲哚试剂(加入吲哚试剂后切勿摇动试管,以防破坏乙醚层影响结果观察),如有吲哚存在,乙醚层呈现玫瑰红色,此为吲哚试验阳性反应,否则为阴性反应,阳性用"+"、阴性用"−"表示。

六、实验报告

记录生理生化反应的测定结果。

七、思考题

(1)以上生理生化反应能用于鉴别细菌,其原理是什么?

(2)细菌生理生化反应试验中为什么要设对照?

(3)试设计一试验方案,鉴别一株肠道细菌。

(四川师范大学 张晓喻 黄春萍)

实验7 环境因素对微生物生长的影响

微生物的生长繁殖是通过与外界环境进行物质和能量交换而实现的,环境条件的改变对微生物的生长会造成不同程度的影响。外界条件适宜时,微生物进行正常的生长繁殖;不适宜时,微生物的生长受到抑制,甚至死亡。

不同类型的微生物对同一环境因素的适应能力不尽相同,一种特定的环境条件对某些微生物而言是适宜的,而对另外一些微生物可能不利甚至有害,例如嗜盐菌在高盐浓度下能正常生长,而非嗜盐菌在这样的条件下则不能生长,高盐浓度能抑制或致死这些微生物,这就是盐渍法保存蔬菜的理论依据;另一方面,一种微生物对不同的环境因素的适应能力也不同,某些特定环境因素的变化会对微生物造成不同程度的影响,例如环境中致癌物浓度的升高或较低浓度下对微生物作用时间较长会抑制微生物生长、致微生物畸变甚至致死微生物。

环境因素从总体上可分为物理(射线类、温度、光照、氧气和渗透压等)、化学(酸碱度、消毒剂类等)、生物(微生物间的共生、寄生、拮抗)和营养四大类。通过后面的3个实验设计,让我们直观地感受这些因素是如何影响了微生物的生长,使微生物能更好地为人类所利用。

本实验分成三部分,包括化学因素对微生物生长的影响,物理因素对微生物生长的影响,生物因素对微生物生长的影响,可以全部完成,也可选择进行。

第一部分　化学因素对微生物生长的影响

一、实验目的

了解常用化学消毒剂以及酸碱度对微生物的作用。

二、实验原理

化学消毒剂是影响微生物生长和代谢的常见化学因素之一。常用化学消毒剂主要有重金属及其盐类、有机溶剂(酚、醇、醛等)、卤族元素及其化合物、染料和表面活性剂等。重金属离子可与菌体蛋白质结合而使之变性或与某些酶蛋白的巯基相结合而使酶失活,重金属盐则是蛋白质沉淀剂,或与代谢产物发生螯合作用而使之变为无效化合物;有机溶剂可使蛋白质及核酸变性,也可破坏细胞膜透性使内含物外溢;碘可与蛋白质酪氨酸残基不可逆结合而使蛋白质失活,氯气与水发生反应产生的强氧化剂也具有杀菌作用;染料在低浓度条件下可抑制细菌生长,染料对细菌的作用具有选择性,革兰氏阳性菌普遍比革兰氏阴性菌对染料更加敏感;表面活性剂能降低溶液表面张力,这类物质作用于微生物细胞膜,改变其透性,同时也能使蛋白质发生变性。

微生物生长的环境酸碱度也是重要的化学因素。pH对微生物生命活动的影响是通过以下几方面实现的:一是使蛋白质、核酸等生物大分子所带电荷发生变化,从而影响其生物活性;二是引起细胞膜电荷变化,导致微生物细胞吸收营养物质的能力发生改变;其三是改变环境中营养物质的可给性及有害物质的毒性。不同微生物对pH条件的要求各不相同，它们只能在一定的 pH 范围内生长，这个 pH 范围有宽、有窄，而其生长最适 pH 常限于一个较窄的范围，对 pH 条件的不同要求在一定程度上反映出微生物对环境的适应能力，例如肠道细菌能在一个较宽的 pH 范围生长，这与其生长的自然环境条件——消化系统是相适应的，而血液寄生微生物仅能在一个较窄的 pH 范围内生长，因为循环系统的 pH 一般恒定在 7.3。

尽管有些微生物能在极端 pH 条件下生长，但就大多数微生物而言，细菌一般在 pH4～9 范围内生长，生长最适 pH 一般为 6.5～7.5；真菌一般在偏酸性环境中生长，生长最适 pH 一般为 4～6。在实验室条件下，人们常将培养基 pH 调至接近于中性，而微生物在生长过程中常由于糖的降解产酸及蛋白质降解产碱而使环境 pH 发生变化，从而会影响微生物生长，因此，人们常在培养基中加入缓冲系统，如 K_2HPO_4/KH_2PO_4 系统。大多数培养基富含氨基酸、肽及蛋白质，这些物质可作为天然缓冲系统。

本实验通过化学消毒剂以及不同 pH 条件来验证这些化学因素对平菇菌丝体的生长的确发生着影响。

三、实验器材

(1)菌种：平菇麦粒种(原种)。

(2)培养基 PDA

配方：土豆 20%，葡萄糖 2%，琼脂粉 1.8%，pH 自然。

制备：土豆去皮，切成小块(越小越好)，加与总体积相当的自来水，熬煮约 30 min，后用 4 层纱布过滤。在滤液中加入琼脂粉，煮沸后加入葡萄糖，定容至设定体积。

(3)溶液或试剂：升汞、石炭酸、来苏儿、新洁尔灭。

(4)仪器或其他用具：无菌培养皿、无菌镊子、试管、吸管、三角瓶等。

四、实验步骤

(1)制备两种 PDA 培养基平板。一种是酸碱度梯度平板，即在 PDA 培养基制备中，加入琼脂粉以前，用 10%的 NaOH 或 10%的 HCl 分别调 pH 4.5、pH 5.5、pH 6.5、pH 7.5、pH 8.5、pH 9.5，然后加入琼脂粉，装瓶，灭菌，冷却后倒入 90 mm 的无菌平皿中(每皿约 25 mL)，凝固备用；另一种是含不同化学药品及其梯度的培养基，即在已灭菌并冷却至 50 ℃左右的 PDA 培养基中加入上述化学试剂至规定浓度，倒入 90 mm 的无菌平皿中(每皿约 25 mL)，凝固备用。均作 3 个平行，同时作对照。

(2)用无菌镊子夹取一颗平菇麦粒种，接种在平板中心位置，置于 25 ℃培养中培养 7 d。

(3)一周后用尺子测量菌落直径(cm)，求算术平均值，并将结果分别登记入表 1-4、1-5 和 1-6 中。

表 1-4 不同药品对平菇菌丝体生长的影响

平板号	供试药品										
	对照	石炭酸					来苏儿				
		0.1%	0.5%	1%	2%	3%	0.1%	0.5%	1%	2%	3%
1											
2											
3											
平均值											

表 1-5 不同药品对平菇菌丝体生长的影响

平板号	供试药品										
	对照	新洁尔灭					升汞				
		0.05%	0.1%	0.25%	0.5%	1%	0.01%	0.03%	0.05%	0.1%	0.2%
1											
2											
3											
平均值											

表 1-6 不同 pH 对平菇菌丝体的生长影响作用

平板号	pH					
	4.5	5.5	6.5	7.5	8.5	9.5
1						
2						
3						
平均值						

五、实验报告

(1)以柱状图形式展示各种化学消毒剂对平菇菌丝体生长的影响。

(2)以柱状图形式展示平菇菌丝体生长的最适 pH 范围。

六、思考题

(1)含化学消毒剂的培养基中,菌落直径为什么不一样?你如何用实验证明菌落的大小是受化学消毒剂的抑菌作用影响还是受其杀菌作用影响?

(2)影响菌落大小的因素有哪些?菌落的大小是否准确地反映出化学消毒剂抑(杀)

菌能力的强弱?

(3)细菌浸矿的基本原理是什么?氧化亚铁硫杆菌有什么特点?为什么它可以用于细菌浸矿?

(4)制革工业由传统的化学碱法脱毛工艺转向生物脱毛工艺,主要利用了哪类微生物的作用?这些微生物有什么共同点?

5.秋冬时节,挖红苕和采收广柑后,为什么要涂抹甲基托布津并窖藏?

第二部分 物理因素对微生物生长的影响

一、实验目的

了解氧气、温度、培养基的渗透压对微生物生长的影响及其实验方法。

二、实验原理

同种微生物在不同的氧环境下的生长是不一样的,给好氧微生物提供的氧气不足,致使其生长速度变慢,给厌氧微生物提供氧气,会使其不生长或生长缓慢。根据对氧的需求及耐受能力的不同,可将微生物分为好氧菌、微好氧菌、兼性厌氧菌、专性厌氧菌和耐氧厌氧菌五类。

好氧菌必须在有氧条件下生长,在高能分子(如葡萄糖)的氧化降解过程中需要氧作为氢受体;微好氧菌的生长需要少量的氧,过量的氧常导致这类微生物的死亡;兼性厌氧菌在有氧及无氧条件下均能生长,倾向于以氧作为氢受体,在无氧条件下可利用 NO_3^- 或 SO_4^{2-} 作为最终氢受体;专性厌氧菌必须在完全无氧的条件下生长繁殖,由于细胞内缺少超氧化物歧化酶和过氧化物酶,氧的存在常导致有毒害作用的超氧化物及氧自由基的产生,对这类微生物具致死作用;而耐氧厌氧菌在有氧及无氧条件下均能生长,与兼性厌氧菌不同之处在于耐氧厌氧菌虽然不以氧作为最终氢受体,但由于细胞具有超氧化物歧化酶和(或)过氧化氢酶,在有氧的条件下也能生存。本实验采用控制氧气饱和度的方法来测定好氧菌在不同氧浓度下的生长情况来阐明氧气对微生物的生长是有影响的。

温度也是影响微生物生长的因素之一。温度通过影响蛋白质、核酸等生物大分子的结构与功能以及细胞结构(如细胞膜的流动性及完整性)来影响微生物的生长、繁殖和新陈代谢。过高的环境温度会导致蛋白质或核酸的变性失活,而过低的温度会使酶活力受到抑制,细胞的新陈代谢活动减弱。每种微生物只能在一定的温度范围内生长,低温微生物最高生长温度不超过 20 ℃,中温微生物的最高生长温度低于 45 ℃,而高温微生物能在 45 ℃以上的温度条件下正常生长,某些极端高温微生物甚至能在 100 ℃以上的温度条件下生长。微生物群体生长、繁殖最快的温度为其最适生长温度,但它并不等于其发酵的最适温度,也不等于积累某一代谢产物的最适温度和生长最健壮的温度。本实验通过在不同温度条件下培养不同类型微生物，了解微生物的最适生长温度。

渗透压同样是影响微生物生长的重要因素之一。在等渗溶液中，微生物正常生长繁殖；在高渗溶液（例如高盐、高糖）中，细胞失水收缩，而水分为微生物生理生化反应所必需，失水会抑制其生长繁殖；在低渗溶液中，细胞吸水膨胀，细菌、放线菌、霉菌及酵母菌等大多数微生物具有较为坚韧的细胞壁，而且个体较小，因而在低渗溶液中一般不会像无细胞壁的细胞那样容易发生裂解，具有细胞壁的微生物受低渗透压的影响不大。不同类型微生物对渗透压变化的适应能力不尽相同，大多数微生物在0.5%～3%的盐浓度范围内可正常生长，10%～15%的盐浓度能抑制大部分微生物的生长，但对嗜盐细菌而言，在低于15%的盐浓度环境中不能生长，而某些极端嗜盐菌可在盐浓度高达30%的条件下生长良好。本实验通过几种微生物在不同盐浓度中的生长情况来显示渗透压的大小对微生物的生长的影响。

三、实验器材

（1）菌种：平菇母种、平菇、双孢蘑菇、金针菇和香菇原种（谷粒种）、金黄色葡萄球菌，大肠杆菌，盐沼盐杆菌（*Halobacterium salinarium*）。

（2）PDA培养基：分别含1%、5%、10%、15%及25% NaCl的牛肉膏蛋白胨琼脂培养基。

（3）其他物品：无菌橡皮塞、超净工作台、无菌水、枪头、移液枪、无菌平皿、接种铲、接种环、接种镊等。

四、实验步骤

1. 氧气对微生物生长的影响

（1）制备PDA斜面试管。

（2）接种差不多大小的平菇母种于PDA斜面试管中部。

（3）将试管分成3份，一份直接用棉塞封口，一份用橡皮塞封口后用固体石蜡再封口，一份在培养基上注入无菌水，使无菌水淹没接种块2 cm左右。

（4）将上述试管置于25 ℃培养箱中培养7 d。连续或间断观察平菇菌丝体在不同供应氧气环境下的长势，包括延伸速度、菌丝体浓密以及健壮程度等。

2. 温度对微生物生长的影响

（1）将PDA培养基熔化倒入90 mm的平板中，每皿约25 mL。

（2）取12套PDA琼脂平板，在皿底用记号笔划分为四区，分别标上平菇、双孢蘑菇、金针菇和香菇谷粒种。

（3）在上述平板各个区域分别无菌操作对称性点种相应的四种菌，各取3套平板倒置培养于5 ℃、15 ℃、25 ℃及35 ℃培养箱中7 d左右。

(4)测量菌落的大小,观察菌丝体浓密和健壮的程度并将结果填入表 1-7 中。

表 1-7 四种真菌在不同温度条件下的菌落平均直径(mm)

菌 种	菌落平均直径(mm)			
	培养温度 5 ℃	培养温度 15 ℃	培养温度 25 ℃	培养温度 35 ℃
平菇				
双孢蘑菇				
金针菇				
香菇				

3.渗透压对微生物生长的影响

(1)将含不同浓度 NaCl 的牛肉膏蛋白胨琼脂培养基熔化,倒平板。

(2)在已凝固的平板皿底用记号笔划成三部分,分别标记上述 3 种菌的名称(金黄色葡萄球菌、大肠杆菌、盐沼盐杆菌)并对应无菌划线接入 3 种细菌(不要交叉污染,在换种前先火焰灭菌接种环)。

(3)将上述平板置于 28 ℃温室中,4 d 后观察并记录含不同浓度 NaCl 的平板上 3 种菌的生长状况并将实验结果填入表 1-8 中。

表 1-8 NaCl 浓度对 3 种菌生长的影响

菌 名	菌落平均直径(mm)				
	NaCl 质量分数 1%	NaCl 质量分数 5%	NaCl 质量分数 10%	NaCl 质量分数 15%	NaCl 质量分数 25%
金黄色葡萄球菌					
大肠杆菌					
盐沼盐杆菌					

五、实验报告

(1)描述对于好氧平菇在 3 种供氧条件下菌丝体的长势和健壮程度。

(2)柱状图展示不同温度培养 4 种食用真菌菌落的大小,分析几种菌可能生长的最适温度范围。

(3)描述不同 NaCl 浓度下,3 种细菌生物量的大小(从菌苔的宽度、隆起高度方面分析)。

六、思考题

(1)谈谈沼气发酵的基本原理和参与活动的相关微生物类群。

(2)为什么微生物在某个温度范围内生长较快,而偏离该范围就慢呢?

(3)在下列这些地方最有可能存在何种类型的微生物?

a. 深海海水;b. 海底火山口附近的海水;c. 温泉;d. 温带土壤表层;e. 植物内部组织。

(4)在我国北方,以前大白菜是他们冬季的主要蔬菜,其储存方法非常简单,就是在室外找块空地,随意堆放就行了,难道他们不担心微生物的腐坏作用?

(5)我国传统固态发酵法生产酱油,在制作完成后,要加入一定浓度的盐水,进行保温发酵,为什么?在发酵的过程中,有微生物的活动参与其中吗?

(6)海水中有哪些微生物?它们在海水养殖业中起到什么样的作用?

(7)在你的实验结果中,盐沼盐杆菌在哪种 NaCl 浓度条件下生长最好,其他条件下为什么生长不好?

(8)金黄色葡萄球菌和大肠杆菌在不同 NaCl 浓度条件下的生长状况有何区别?试解释原因。

(9)据报道,有科学工作者采用特殊的钻探工具,从地表以下约 3000 m 的土壤及岩层中采集样品,并从中分离到细菌。根据所掌握的知识,你能说出这些细菌具有哪些典型特征吗?对这些微生物的研究有何重大意义?

第三部分 生物因素对微生物的影响

生物之间的关系从总体上可分为互生、共生、寄生和拮抗。生物之间的互生关系极为普遍,我们几乎找不到任何一个环境,在这个环境中只存在一种微生物,所以我们从自然环境中分离培养微生物,无一例外地要通过纯培养技术才能达到目的。共生关系在自然界也相当普遍,比较典型的首数地衣,一种真菌和藻类的共生体,目前认为藻类通过光合作用为真菌提供有机物,真菌则为藻类的生长提供水分和无机盐;其次是被广泛研究的植物菌根菌,有些树木如松树、栎、山毛榉和云杉离开菌根菌则难于成活,而菌根菌的营养需要依赖于植物光合作用产物的转移。微生物的寄生可以发生在人类,如人体皮肤真菌病红色发癣菌引起的体癣、股癣等;也可以发生在植物,如马铃薯晚疫病曾导致爱尔兰 100 多万人病饿而死;还可以发生于昆虫,如一些壶菌、虫媒目真菌和一些子囊菌,虫草属菌感染虫草、蝙蝠、蛾产生的冬虫夏草成了名贵的药物;微生物间的寄生如噬菌体感染味精生产菌导致生产失败。

微生物之间的拮抗现象是普遍存在于自然界的,许多微生物在其生命活动过程中能产生某种特殊代谢产物如抗生素,具有选择性地抑制或杀死其他微生物的作用。其中发现青霉菌产生的青霉素对革兰氏阳性菌具有抗菌作用,挽救了无数生命。枯草芽孢杆菌对多种致病菌具有明显的抑制作用以及木霉菌的广抗病原真菌特性,使它们成了重要的生防微生物。本实验以昆虫病毒的培养来了解生物因素之一即寄生关系对微生物生长的影响。

一、目的和要求

本实验以斜纹夜蛾核型多角体宿主来培养病毒，了解生物因素对微生物生长的影响。

二、实验原理

斜纹夜蛾能危害棉花、蔬菜等多种作物。核型多角体病毒是多角体病毒侵入宿主细胞后，在细胞核内形成多角体，多角体内包含着很多病毒粒子。斜纹夜蛾多角体的形状有三角形、四角形、五角形、六角形和圆形，直径大小为1.2～3.4 μm，用普通显微镜即可观察到。多角体蛋白可被碱性溶液溶解，释放出病毒粒子。因此，多角体通过污染食物经口感染后，被昆虫的碱性胃液所溶解，释放的病毒粒子通过中肠上皮组织而进入血腔，在脂肪组织及其他组织(包括血细胞)中增殖，最终导致虫体死亡。

三、实验器材

(1)病毒材料及宿主：斜纹夜蛾核型多角体病毒材料、3龄斜纹夜蛾幼虫。

(2)培养基：PDA、牛肉膏蛋白胨、察氏培养基(3种培养基中都要加入每毫升1500～2000 U的青霉素和链霉素，以防止杂菌污染)。

(3)仪器或其他用具：甘薯叶片、1%漂白粉或5%石灰水、甘油、玻璃缸、计数板、显微镜、离心机等。

四、实验步骤

1.病毒悬液制备

(1)将斜纹夜蛾核型多角体病毒材料加适量蒸馏水置研钵中研磨，加水稀释并通过两层纱布过滤，再将滤液离心(3000 r/min，离心30 min)。

(2)将离心后的沉淀物用蒸馏水悬浮，并再离心，这样反复多次，即可得到初步提纯的白色多角体。

(3)将提纯的多角体先用适量的蒸馏水均匀悬浮，并用血细胞计数板计数，然后再加水使稀释成每毫升含1×10^8个多角体的悬液。

(4)向上述每毫升悬液中加入青霉素、链霉素各1500～2000 U，以防止杂菌污染。

2.接种

(1)健康三龄斜纹夜蛾幼虫活体感染

①将由田间采来的健康三龄斜纹夜蛾幼虫放于玻璃缸内，缸口用多层纱布盖好。虫

口密度一般为 33 mm^2 一头左右为宜。

②用1%的漂白粉液或5%石灰水浸泡甘薯叶片进行消毒，然后再用清水洗涤，晾干后，用上述核型多角体悬液浸泡或用蘸有多角体悬液的棉球涂抹，晾干。

③待幼虫经短时间的饥饿以后，将晾干的带毒叶片放于玻璃缸内供食，通过幼虫口食接种病毒。供食带毒叶片的次数可为1～3次，一般供毒次数多则发病率高。盖好纱布后，置30 ℃温室培养。

④培养过程仍需喂食，加强管理与观察。

(2)其他接种

将提取并稀释的多角体的悬液[见步骤1.(4)]分别接入三龄斜纹夜蛾幼虫无菌尸体(注射入体腔后将虫体置于无菌平板中)以及PDA、牛肉膏蛋白胨、察氏培养基(划线接种)，25 ℃培养。

3.收获与保存

在幼虫死亡前，虫体变白，通过皮肤看到血液混浊时，在尾角或腹脚处剪破，抽取脓汁，保存于甘油水溶液(水：甘油＝1：2)中，置冰箱保存备下次实验之用。或直接将死虫浸泡于甘油水溶液中，冰箱保存备下次实验之用。

4.显微镜检

(1)从活体感染的三龄斜纹夜蛾幼虫的尾角或腹脚取血涂片，加上盖玻片，于高倍镜下观察。

(2)从死的无菌三龄斜纹夜蛾幼虫体腔取样涂片观察。

五、实验报告

(1)绘图表示显微镜下观察到的多角体形态。

(2)描述斜纹夜蛾幼虫感染斜纹夜蛾核型多角体后体表的变化。

(3)描述病毒接种入死的无菌三龄斜纹夜蛾幼虫体腔以及3种培养基上后的病毒增殖情况。

六、思考题

(1)学会对昆虫病毒的培养，对农作物病虫害的防治有什么意义？

(2)用昆虫病毒进行害虫的防治，对人、畜和其他有益昆虫有无危害？为什么？

(3)你知道白僵菌吗？谈谈其生物学性状及其致病机理。

(4)自然界中生物拮抗现象的例证最显著的莫过于某些微生物产生了抗生素，既而杀死或抑制了其周围微生物的生长，人类因此在养殖业中，为防治或预防动物疾病，滥用抗生素，这可能带来什么样的后果？试用生物间的相互关系来阐述。

(西华师范大学　李林辉)

实验8 常用菌种保藏方法

一、目的和要求

(1)了解外界因素对微生物生长的影响。

(2)学习微生物菌种保藏技术。

二、实验原理

微生物具有容易变异的特性，因此，在保藏过程中，必须使微生物的代谢处于最不活跃或相对静止的状态，才能在一定的时间内使其不发生变异而又保持生活能力。低温、干燥和隔绝空气是使微生物代谢能力降低的重要因素，所以，菌种保藏方法虽多，但都是根据这三个因素而设计的。微生物个体微小，代谢活跃，生长繁殖快，如果保存不妥容易发生变异，或被其他微生物污染，甚至导致细胞死亡，这种现象屡见不鲜。菌种的长期保藏对任何微生物学工作者都是很重要的，而且也是非常必要的。微生物菌种保藏的基本原是使微生物的新陈代谢处于最低或几乎停止的状态。保藏方法通常基于温度、水分、通气、营养成分和渗透压等方面考虑。

三、实验器材

细菌、酵母菌、放线菌和霉菌。

牛肉膏蛋白胨斜面培养基、灭菌脱脂牛乳、灭菌水、化学纯液体石蜡、甘油、五氧化二磷、河沙、瘦黄土或红土、冰块、食盐、干冰、95%酒精、10%盐酸、无水氯化钙。

灭菌吸管、灭菌滴管、灭菌培养皿、管形安瓿管、泪滴形安瓿管(长颈球形底)、40目与100目筛子、油纸、滤纸条(0.5 cm×1.2 cm)、干燥器、真空泵、真空压力表、喷灯、L形五通管、冰箱、低温冰箱(−30 ℃)、液氮冷冻保藏器。

四、实验步骤

1.斜面低温保藏法

将菌种接种在适宜的固体斜面培养基上，待菌充分生长后，棉塞部分用油纸包扎好，移至2～8 ℃的冰箱中保藏。

保藏时间依微生物的种类而有不同,霉菌、放线菌及有芽孢的细菌保存2～4个月,移种一次。酵母菌两个月,细菌最好每月移种一次。

此法为实验室和工厂菌种室常用的保藏法。优点是操作简单,使用方便,不需特殊设备,能随时检查所保藏的菌株是否死亡、变异与污染杂菌等。缺点是容易变异,因为培养基的物理、化学特性不是严格恒定的,屡次传代会使微生物的代谢改变,而影响微生物的性状,污染杂菌的机会亦较多。

2.液体石蜡保藏法

(1)将液体石蜡分装于三角烧瓶内,塞上棉塞,并用牛皮纸包扎,121 ℃灭菌30 min,然后放在40 ℃温箱中,使水汽蒸发掉,备用。

(2)将需要保藏的菌种,在最适宜的斜面培养基中培养,使得到健壮的菌体或孢子。

(3)用灭菌吸管吸取灭菌的液体石蜡,注入已长好菌的斜面上,其用量以高出斜面顶端1 cm为准,使菌种与空气隔绝。

(4)将试管直立,置低温或室温下保存(有的微生物在室温下比冰箱中保存的时间还要长)。

此法实用而效果好。霉菌、放线菌、芽孢细菌可保藏2年以上不死,酵母菌可保藏1～2年,一般无芽孢细菌也可保藏1年左右,甚至对于用一般方法很难保藏的脑膜炎球菌,在37 ℃温箱内,亦可保藏3个月之久。此法的优点是制作简单,不需特殊设备,且不需经常移种。缺点是保存时必须直立放置,所占位置较大,同时也不便携带。从液体石蜡下面取培养物移种后,接种环在火焰上烧灼时,培养物容易与残留的液体石蜡一起飞溅,应特别注意。

3.滤纸保藏法

(1)将滤纸剪成0.5 cm×1.2 cm的小条,装入0.6 cm×8 cm的安瓿管中,每管1～2张,塞上棉塞,121.3 ℃灭菌30 min。

(2)将需要保存的菌种,在适宜的斜面培养基上培养,使充分生长。

(3)取灭菌脱脂牛乳1～2 mL滴加在灭菌培养皿或试管内,取数环菌苔在牛乳内混匀,制成浓悬液。

(4)用灭菌镊子自安瓿管取滤纸条浸入菌悬液内,使其吸饱,再放回安瓿管中,塞上棉塞。

(5)将安瓿管放入内有五氧化二磷作吸水剂的干燥器中,用真空泵抽气至干。

(6)将棉花塞入管内,用火焰熔封,保存于低温下。

(7)需要使用菌种,复活培养时,可将安瓿管口在火焰上烧热,滴一滴冷水在烧热的部位,使玻璃破裂,再用镊子敲掉口端的玻璃,待安瓿管开启后,取出滤纸,放入液体培养基内,置温箱中培养。

细菌、酵母菌、丝状真菌均可用此法保藏,前两者可保藏2年左右,有些丝状真菌甚至可保藏14～17年之久。此法较液氮、冷冻干燥法简便,不需要特殊设备。

4.沙土保藏法

(1)取河沙加入10%稀盐酸,加热煮沸30 min,以去除其中的有机质。

(2)倒去酸水,用自来水冲洗至中性。

(3)烘干,用40目筛子过筛,以去掉粗颗粒,备用。

(4)另取非耕作层的不含腐殖质的瘦黄土或红土,加自来水浸泡洗涤数次,直至中性。

(5)烘干,碾碎,通过100目筛子过筛,以去除粗颗粒。

(6)按一份黄土、三份沙的比例(或根据需要而用其他比例,甚至可全部用沙或全部用土)掺合均匀,装入10 mm×100 mm的小试管或安瓿管中,每管装1 g左右,塞上棉塞,进行灭菌,烘干。

(7)抽样进行无菌检查,每10支沙土管抽一支,将沙土倒入肉汤培养基中,37 ℃培养48 h,若仍有杂菌,则需全部重新灭菌,再做无菌试验,直至证明无菌,方可备用。

(8)选择培养成熟的(一般指孢子层生长丰满的,营养细胞用此法效果不好)优良菌种,用无菌水洗下,制成孢子悬液。

(9)于每支沙土管中加入约0.5 mL(一般以刚刚使沙土润湿为宜)孢子悬液,以接种针拌匀。

(10)放入真空干燥器内,用真空泵抽干水分,抽干时间越短越好,务必在12 h内抽干。

(11)每10支抽取一支,用接种环取出少数沙粒,接种于斜面培养基上,进行培养,观察生长情况和有无杂菌生长,如出现杂菌或菌落数很少或根本不长,则说明制作的沙土管有问题,尚须进一步抽样检查。

(12)若经检查没有问题,用火焰熔封管口,放冰箱或室内干燥处保存。每半年检查一次活力和杂菌情况。

(13)需要使用菌种,复活培养时,取沙土少许移入液体培养基内,置温箱中培养。

此法多用于能产生孢子的微生物如霉菌、放线菌,因此在抗生素工业生产中应用最广,效果亦好,可保存2年左右,但应用于营养细胞效果不佳。

5.液氮冷冻保藏法

(1)准备安瓿管　用于液氮保藏的安瓿管,要求能耐受温度突然变化而不致破裂,因此,需要采用硼硅酸盐玻璃制造的安瓿管,安瓿管的大小通常使用75 mm×10 mm规格的,或能容1.2 mL液体的。

(2)加保护剂与灭菌　保存细菌、酵母菌或霉菌孢子等容易分散的细胞时,则将空安瓿管塞上棉塞,121.3 ℃灭菌15 min。若作保存霉菌菌丝体用则需在安瓿管内预先加入保护剂,如10%的甘油蒸馏水溶液或10%二甲亚砜蒸馏水溶液,加入量以能浸没以后加入的菌落圆块为限,而后再用121.3 ℃灭菌15 min。

(3)接入菌种　将菌种用10%的甘油蒸馏水溶液制成菌悬液,装入已灭菌的安瓿管;

霉菌菌丝体则可用灭菌打孔器，从平板内切取菌落圆块，放入含有保护剂的安瓿管内，然后用火焰熔封。浸入水中检查有无漏洞。

(4)冻结　再将已封口的安瓿管以每分钟下降 1 ℃的速度慢速冻结至－30 ℃。若细胞急剧冷冻，则在细胞内会形成冰的结晶，因而降低存活率。

(5)保藏　经冻结至－30 ℃的安瓿管立即放入液氮冷冻保藏器的小圆筒内，然后再将小圆筒放入液氮保藏器内。液氮保藏器内的气相为－150 ℃，液氮内为－196 ℃。

(6)恢复培养　保藏的菌种需要用时，将安瓿管取出，立即放入 38～40 ℃的水浴中进行急剧解冻，直到全部融化为止。再打开安瓿管，将内容物移入适宜的培养基上培养。

此法除适宜于一般微生物的保藏外，对一些用冷冻干燥法都难以保存的微生物，如支原体、衣原体、氢细菌、难以形成孢子的霉菌、噬菌体及动物细胞均可长期保藏，而且性状不变异。缺点是需要特殊设备。

6.冷冻干燥保藏法

(1)准备安瓿管　用于冷冻干燥菌种保藏的安瓿管宜采用中性玻璃制造，形状可用长颈球形底的，亦称泪滴形安瓿管，大小要求外径 6～7.5 mm，长 105 mm，球部直径 9～11 mm，壁厚 0.6～1.2 mm。也可用没有球部的管状安瓿管。塞好棉塞，121.3 ℃灭菌 30 min，备用。

(2)准备菌种　用冷冻干燥法保藏的菌种，其保藏期可达数年至十数年，为了在许多年后不出差错，故所用菌种要特别注意其纯度，即不能有杂菌污染，然后在最适培养基中用最适温度培养，使培养出良好的培养物。细菌和酵母的菌龄要求超过对数生长期，若用对数生长期的菌种进行保藏，其存活率反而降低。一般，细菌要求 24～48 h 的培养物；酵母需培养 3 d；形成孢子的微生物则宜保存孢子；放线菌与丝状真菌则培养 7～10 d。

(3)制备菌悬液与分装　以细菌斜面为例，用脱脂牛乳 2 mL 左右加入斜面试管中，制成浓菌液，每支安瓿管分装 0.2 mL。

(4)冷冻干燥器有成套的装置出售，价值昂贵，此处介绍的是简易方法与装置，可达到同样的目的。

将分装好的安瓿管放低温冰箱中冷冻，无低温冰箱可用冷冻剂如干冰(固体 CO_2)酒精液或干冰丙酮液，温度可达－70 ℃。将安瓿管插入冷冻剂，只需冷冻 4～5 min，即可使悬液结冰。

(5)真空干燥　为在真空干燥时使样品保持冻结状态，需准备冷冻槽，槽内放碎冰块与食盐，混合均匀，可冷至－15 ℃。

抽气一般若在 30 min 内能达到 93.3 Pa(0.7 mmHg)真空度时，则干燥物不致熔化，以后再继续抽气，几小时内，肉眼可观察到被干燥物已趋干燥，一般抽到真空度 26.7 Pa(0.2 mmHg)，保持压力 6～8 h 即可。

(6)封口　抽真空干燥后，取出安瓿管，接在封口用的玻璃管上，可用 L 形五通管继续抽气，约 10 min 即可达到 26.7 Pa(0.2 mmHg)。于真空状态下，以煤气喷灯的细火焰在安瓿管颈中央进行封口。封口以后，保存于冰箱或室温暗处。

此法为菌种保藏方法中最有效的方法之一，对一般生命力强的微生物及其孢子以及无芽孢菌都适用，即使对一些很难保存的致病菌，如脑膜炎球菌与淋病球菌等亦能保存。适用于菌种长期保存，一般可保存数年至十余年，但设备和操作都比较复杂。

随着分子生物学发展的需要，基因工程菌株的保藏已成为菌种保藏的重要内容之一，其保藏原理和方法与其他菌种相同。但考虑到重组质粒在宿主中的不稳定性，所以基因工程菌株的长期保藏目前趋于将宿主和重组质粒 DNA 分开保存。本实验将介绍 DNA 和重组质粒的保藏方法。

现在菌种保藏方法大体分为以下几种：

1.传代培养法

此法使用最早，它是将要保藏的菌种通过斜面、穿刺或庖肉培养基（用于厌氧细菌）培养好后，置 4 ℃存放，定期进行传代培养再存放。后来发展在斜面培养物上面覆盖一层无菌的液体石蜡，一方面防止因培养基水分蒸发而引起菌种死亡，另一方面石蜡层可将微生物与空气隔离，减弱细胞的代谢作用，达到保藏菌种的目的。不过，这种方法保藏菌种的时间不长，且传代过多易使菌种的主要特性减退，甚至丢失。因此它只能作为短期存放菌种用。

2.悬液法

这是一种将微生物细胞悬浮在一定的溶液中，包括蒸馏水，蔗糖、葡萄糖等糖液，磷酸缓冲液，食盐水等，有的还使用稀琼脂。悬液法操作简便，效果较好。有些细菌、酵母菌用这种方法能保藏几年甚至近十年时间。

3.载体法

该法是使生长合适的微生物吸附在一定的载体上进行干燥。这种载体来源很广，如土壤、沙土、硅胶、明胶、麸皮、磁珠或滤纸片等。该法操作通常比较简单，普通实验室均可进行。特别是以滤纸（片）条作载体，细胞干燥后，可将含细菌的滤纸片或滤纸条装入无菌的小袋封闭后放在信封中，邮寄很方便。

根据瑞典物理化学家，诺贝尔奖获得者 S. A. Aarrhenius 的研究，温度对化学反应速率的影响可用 Aarrhenius 公式计算，生物变质速率与温度的关系见表 1-9。

表 1-9 生物样品保藏与温度的关系

温 度	存活时间
4 ℃	2 小时
−40 ℃	几天
−80 ℃	几月
−196 ℃	几世纪

4.真空干燥法

这类方法包括冷冻真空干燥法和 L—干燥法。前者是将要保藏的微生物样品先经低温预冻，然后在低温状态下进行减压干燥，后者则不需要低温预冻样品，只是使样品维持在10～20 ℃范围内进行真空干燥。

5.冷冻法

样品始终存放在低温环境下的保藏方法，包括低温法(－80～－70 ℃)和液氮法(－196 ℃)。

水是生物细胞的主要组分，约占活体细胞总量的90%，在0 ℃或0 ℃以下时会结冰。样品降温速度过慢，胞外溶液中水分大量结冰，溶液的浓度提高，胞内的水分便大量往外渗透，导致细胞剧烈收缩，造成细胞损伤，此为溶液损伤。另一方面，若冷却速度过快，胞内的水分来不及通过细胞膜渗出，胞内的溶液过冷，细胞的体积膨大，最后导致细胞破裂，此为细胞内冰损伤。因此，控制降温速率是冷冻微生物细胞十分重要的步骤。现在可以通过以下两个途径来降低细胞的冻伤损伤。

(1)保护剂：亦称分散剂。在需冷冻保存的微生物样品中加入适当的保护剂可以使细胞经低温冷冻时减少冰晶的形成。例如，甘油、二甲亚砜、谷氨酸钠、糖类、可溶性淀粉、聚乙烯咯烷酮(pvp)、血清、脱脂奶等均是保护剂。二甲亚砜对微生物细胞有一定的毒害，一般不采用。甘油适宜低温保藏，脱脂奶和海藻糖是较好的保藏剂，尤其是在冷冻真空干燥中普遍使用。

(2)玻璃化：固体在自然界中的第二种形式，即晶体的玻璃化。物质的质点(分子、原子和离子等)呈有序排列则为玻璃态，即玻璃化。细胞内外的水在低温条件下可通过控制降温速率(10^6～10^7 ℃/s)和提高溶液浓度等途径实现玻璃化。

五、实验报告

(1)采用斜面低温法保藏菌种，记录实验过程。

(2)采用冷冻法保藏菌种，记录实验过程。

六、思考题

比较各种菌种保存方法的应用范围及优缺点。

(四川师范大学　张晓喻　黄春萍)

第二篇

综合性实验

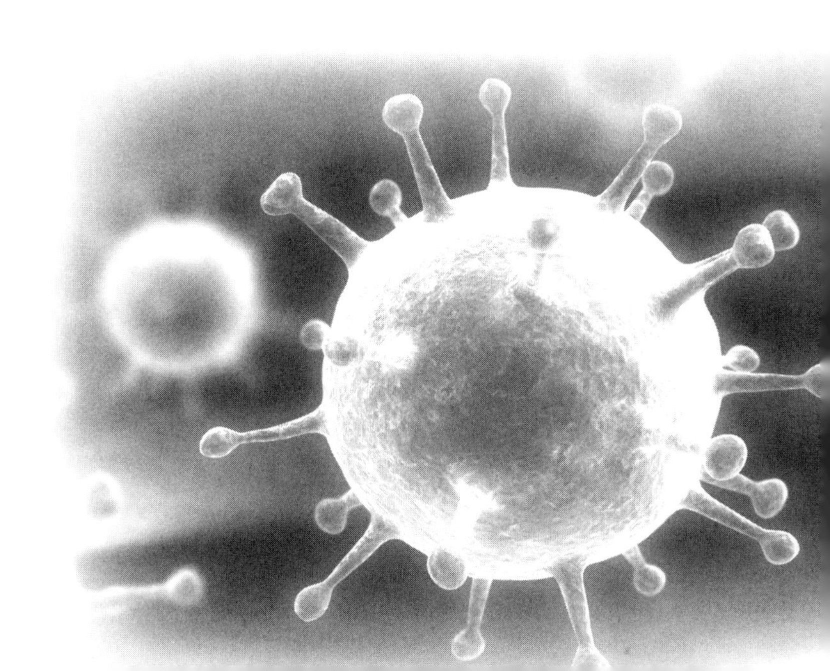

实验 9 水中细菌总数和大肠菌群的测定

一、实验目的

(1)了解和学习水中细菌总数和大肠菌群的测定原理和测定意义。

(2)学习水样的采取方法。

(3)学习和掌握用稀释平板计数法测定水中细菌总数的方法。

(4)学习和掌握水中大肠菌群的检测方法。

二、实验原理

水是微生物广泛分布的天然环境。各种天然水中常含有一定数量的微生物。水中微生物的主要来源有:水中的水生性微生物(如光合藻类),来自土壤径流、降雨的外来菌群和来自下水道的污染物和人畜的排泄物等。水中的病原菌主要来源于人和动物的传染性排泄物。

水的微生物学的检验,特别是肠道细菌的检验,在保证饮水安全和控制传染病上有着重要意义,同时也是评价水质状况的重要指标。中华人民共和国《生活饮用水卫生标准》GB5749 规定,饮用水中大肠菌群每升中不超过 3 个,细菌总数每毫升不超过 100 个。

由于水中细菌种类繁多,它们对营养和其他生长条件的要求差别很大,不可能找到一种培养基在一种条件下,使水中所有的细菌均能生长繁殖,因此,以一定的培养基平板上生长出来的菌落计算出来的水中细菌总数仅是一种近似值。所谓细菌总数是指 1 mL 水样在普通营养琼脂培养基(即牛肉膏蛋白胨琼脂培养基)中,37 ℃经 24 h 培养后所生长的细菌菌落数,所用的方法是稀释平板计数法,由于计算的是平板上形成的菌落(colony-for ming unit,cfu)数,故其单位应是 cfu/mL。它反映的是检样中活菌的数量。

大肠菌群是一群需氧及兼性厌氧,在 37 ℃ 24 h 内能分解乳糖、产酸、产气的革兰氏阴性无芽孢杆菌的总称,该菌主要来源于人畜粪便,故以此作为粪便污染指标来评价食品的卫生质量,推断食品中有否污染肠道致病菌的可能。大肠菌群主要由肠杆菌科中四个属内的细菌组成,即埃希氏杆菌属、柠檬酸杆菌属、克雷伯氏菌属和肠杆菌属。

水中的大肠菌群数是指 100 mL 水检样内含有的大肠菌群实际数值,以大肠菌群最近似数(MPN)表示。在正常情况下,肠道中主要有大肠菌群、粪链球菌和厌氧芽孢杆菌等多种细菌，这些细菌都可随人畜排泄物进入水源。由于大肠菌群在肠道内数量最多，所以，水源中大肠菌群的数量，是直接反映水源被人畜排泄物污染的一项重要指标。目前，国际上已公认大肠菌群的存在是粪便污染的指标。因而对饮用水必须进行大肠菌群的检查。

水中大肠菌群的检验方法，常用多管发酵法和滤膜法。多管发酵法可运用于各种水样的检验，但操作繁琐，需要时间长。滤膜法仅适用于自来水和深井水，操作简单、快速，但不适用于杂质较多、易于阻塞滤孔的水样。

三、实验器材

1.培养基

(1)牛肉膏蛋白胨琼脂培养基(同前)。

(2)乳糖胆盐发酵管：蛋白胨 20 g，猪胆盐(或牛、羊胆盐)5 g，乳糖 10 g，0.04%溴甲酚紫水溶液 25 mL，蒸馏水 1000 mL，pH7.4。

制法：将蛋白胨、胆盐及乳糖溶于水中，校正 pH，加入指示剂，混匀，分装，每管 10 mL，并倒置放入一个杜氏小管；双倍或三倍乳糖胆盐蛋白胨培养基即除水以外，其余成分加倍或取三倍用量。本实验还需用三倍乳糖胆盐蛋白胨培养基，分装为每瓶 50 mL 和每管 5 mL，并倒置放入一个杜氏小管。115 ℃灭菌 15 min。

(3)伊红美蓝琼脂(EMB)平板：蛋白胨 10 g，乳糖 10 g，磷酸氢二钾 2 g，琼脂 17 g，2%伊红水溶液 20 mL，0.65%美蓝溶液 10 mL，蒸馏水 1000 mL，pH7.1。

制法：将蛋白胨、磷酸盐和琼脂溶解到蒸馏水中，校正 pH 后分装，121 ℃高压灭菌 15 min 备用。临用时加入乳糖并熔化琼脂。冷至 50～55 ℃，加入伊红和美蓝溶液，摇匀，倾注平板。

(4)乳糖发酵管：蛋白胨 20 g，乳糖 10 g，0.04%溴甲酚紫水溶液 25 mL，蒸馏水 1000 mL，pH7.4。

制法：将蛋白胨和乳糖溶于水中，校正 pH，加入指示剂，混匀，分装每管 3 mL 并放入一个小导管。115 ℃高压灭菌 15 min。

(5)品红亚硫酸钠平板：蛋白胨 10 g，酵母浸膏 5 g，牛肉膏 5 g，乳糖 10 g，琼脂 17 g，硫酸氢二钾 3.5 g，蒸馏水 1000 mL，无水亚硫酸钠 5 g，碱性品红乙醇溶液(50 g/L)20 mL。

制法：先将琼脂加到 500 mL 蒸馏水中，煮沸溶解，于另 500 mL 蒸馏水中加入硫酸氢二钾、蛋白胨、酵母浸膏和牛肉膏，加热溶解，倒入已溶解的琼脂，补充蒸馏水至 1000 mL，混匀后调 pH 为 7.2～7.4，再加入乳糖，分装，115 ℃高压灭菌 20 min(此时得到的半成品培养基可较长期储存于冷暗处备用，用时加热融化)。需用时取所需量的分装培养基加热融化；将按比例称取所需量的无水亚硫酸钠置于灭菌试管中，加灭菌水少许，使其溶解后，置沸水浴中煮沸 10 min 灭菌；用灭菌吸管按比例吸取所需量的碱性品红乙醇溶液置于另一灭菌空试管中。用灭菌吸管吸取已灭菌的亚硫酸钠溶液，滴加于碱性品红乙醇溶液至深红色褪成淡粉色为止，将此亚硫酸钠与碱性品红的混合液全部加到已融化的储存培养基内，并充分混匀(防止产生气泡)，立即倾入已灭菌的空平皿中，每皿约 15 mL。待冷却凝固后使用。品红亚硫酸钠平板可置冰箱内短期(一般不超过两周)保存。如培养基已由淡粉色变为深红色，则不能再用。

2.仪器或其他用具

灭菌三角瓶、灭菌的具塞三角瓶、灭菌平皿、灭菌吸管、灭菌试管、灭菌无齿镊子、灭菌滤膜(孔径 0.45～0.65 μm)、灭菌滤器、抽滤设备、天平、显微镜、培养箱、冰箱。

3.试剂

蒸馏水、0.85%无菌生理盐水、革兰氏染色用试剂。

四、实验步骤

1.水样的采集

(1)自来水：先将自来水龙头用酒精灯火焰灼烧灭菌，再开放水龙头使水流 5 min，以灭菌三角瓶接取水样以备分析。

(2)池水、河水、湖水等地面水源水：在距岸边 5 m 处，取距水面 10～15 cm 的深层水样。先将灭菌的具塞三角瓶瓶口向下浸入水中，然后翻转过来，除去玻璃塞，水即流入瓶中，盛满后，将瓶塞盖好，再从水中取出。如果不能在 2 h 内检测的，需放入冰箱中保存。

2.细菌总数的测定

(1)水样稀释及混合平板法培养

a.按无菌操作法，将水样作 10 倍系列稀释。

b.根据对水样污染情况的估计，选择 2～3 个适宜稀释度(饮用水如自来水、深井水等，一般选择 1、1∶10 两种浓度；水源水如河水等，比较清洁的可选择 1∶10、1∶100、1∶1000 三种稀释度；污染水一般选择 1∶100、1∶1000、1∶10000 三种稀释度)，吸取 1 mL 稀释液于灭菌平皿内，每个稀释度作 3 个重复。

c.将融化后保温 45 ℃的牛肉膏蛋白胨琼脂培养基倒入平皿，每皿约 15 mL，并趁热转动平皿混合均匀。

d.待琼脂凝固后，将平皿倒置于 37 ℃培养箱内培养 24±1 h 后取出，计算平皿内菌落数目，乘以稀释倍数，即得 1 mL 水样中所含的细菌总数。

(2)各稀释度的菌落计数

数清并计算各稀释度所有重复的平均菌落数。作平板计数时，可用肉眼观察，必要时用放大镜检查，以防遗漏。如果一个平板有较大片状菌落生长时，则不宜采用，而应以无片状菌落生长的平板的平均菌落数作为该稀释度的菌数。若片状菌落不到平板的一半，而其余一半中菌落分布又很均匀，可计算半个平板后乘 2 以代表整个平板的菌落数。

(3)计数的报告

表 2-1 稀释度的选择及细菌数报告方式

例次	各稀释度的平均菌落数			两稀释度比	菌落总数 cfu/ mL	报告方式 cfu/ mL
	10^{-1}	10^{-2}	10^{-3}			
1	多不可计	164	20	—	16400	16000 或 1.6×10^4
2	多不可计	295	46	1.6	37750	38000 或 3.8×10^4
3	多不可计	271	60	2.2	27100	27000 或 2.7×10^4
4	多不可计	多不可计	313	—	313000	310000 或 3.1×10^5
5	27	11	5	—	270	270 或 2.7×10^2
6	0	0	0	—	<10	<10
7	多不可计	305	12	—	30500	31000 或 3.1×10^4

①稀释度的选择

a. 应选择平均菌落数在 30～300 之间的稀释度，当只有一个稀释度的平均菌落数符合此范围时，则以该平均菌落数乘其稀释倍数，即为该水样的细菌总数(表 2-1 中例 1)。

b. 若有两个稀释度的平均菌落数均在 30～300 之间，则视二者之比值来决定。若其比值小于 2，应报告其平均数；若比值大于 2，则报告其中较小的数字(表 2-1 中例 2 和例 3)。

c. 若所有稀释度的平均菌落均大于 300，则应按稀释倍数最高的平均菌落数乘以稀释倍数报告之(表 2-1 中例 4)。

d. 若所有稀释度的平均菌落数均小于 30、则应按稀释倍数最低的平均菌落数乘以稀释倍数报告之(表 2-1 中例 5)。

e. 若所有稀释度均无菌落生长，则以“<1×最低稀释倍数”报告之(表 2-1 中例 6)。

f. 若所有稀释度的平均菌落数均不在 30～300 之间，则以最接近 30 或 300 的平均菌落数乘以该稀释倍数报告之(表 2-1 中例 7)。

②细菌总数的报告方式

细菌的菌落数在 100 以内时，按其实有数报告；大于 100 时，用二位有效数字，二位有效数字后面的数字，以四舍五入方法修约。为了缩短数字后面的 0 的个数，可用 10 的指数来表示，如表 2-1“报告方式”一栏所示。

3. 多管发酵法测定水中大肠菌群

(1)生活饮用水或食品生产用水的检验

①乳糖发酵实验

在 2 个各装有 50 mL 的 3 倍浓缩乳糖胆盐蛋白胨培养液(可称为三倍乳糖胆盐)的三角瓶中(内有倒置杜氏小管)，以无菌操作各加水样 100 mL。在 10 支装有 5 mL 的三倍乳糖胆盐的发酵试管中(内有倒置杜氏小管)，以无菌操作各加入水样 10 mL。如果饮用水的大肠菌群数变异不大，可以只接种 3 份 100 mL 水样。摇匀后，37 ℃培养 24 h。

②平板分离

经 24 h 培养后，将产酸产气及只产酸的发酵管（瓶），分别划线接种于伊红美蓝琼脂平板（EMB 培养基），37 ℃培养 18～24 h。大肠菌群在 EMB 平板上，菌落呈紫黑色，具有或略带有或不带有金属光泽或者呈淡紫红色，仅中心颜色较深。挑取符合上述特征的菌落进行涂片，革兰氏染色，镜检。

③证实实验

将革兰氏阴性无芽孢杆菌的菌落的剩余部分接于单倍乳糖发酵管中，为防止遗漏，每管可接种来自同一初发酵管的平板上同类型菌落 1～3 个，37 ℃培养 24 h，如果产酸又产气，即证实有大肠菌群存在。

④报告

根据证实有大肠菌群存在的三倍乳糖胆盐试管（锥形瓶）的阳性数，查表 2-2，报告每升水样中的大肠菌群数（MPN）。

表 2-2 大肠菌群检数表（饮用水）

100 mL 水样的阳性管数 / 10 mL 水样的阳性管数	0	1	2	备注
	每升水样中大肠菌群数			
0	<3	4	11	接种水样总量 300 mL（100 mL 的 2 份，10 mL 的 10 份）
1	3	8	18	
2	7	13	27	
3	11	18	38	
4	14	24	52	
5	18	30	70	
6	22	36	92	
7	27	43	120	
8	31	51	161	
9	36	60	230	
10	40	69	>230	

表 2-3 大肠菌群检数表（大肠菌群数变异不大的饮用水）

阳性管数	0	1	2	3	接种水样总量 300 mL（3 份 100 mL）
每升水样中大肠菌群数	<3	4	11	>18	

（2）水源水的检验

用于检验的水样量，应根据预计水源水的污染程度选用下列各量，见表 2-3。

①严重污染水：1 mL、0.1 mL、0.01 mL、0.001 mL 各 1 份。

②中度污染水：10 mL、1 mL、0.1 mL、0.01 mL 各 1 份。

③轻度污染水：100 mL、10 mL、1 mL、0.1 mL 各 1 份。

④大肠菌群变异不大的水源水：10 mL 10 份。

操作步骤同生活用水或食品生产用水的检验。同时应注意，接种量 1 mL 及 1 mL 以内用单倍乳糖胆盐发酵管；接种量在 1 mL 以上者，应保证接种后发酵管（瓶）中的液体为单倍培养液量。然后根据证实有大肠菌群存在的阳性管(瓶)数,查表后报告每升水样中的大肠菌群数(MPN)。下面以收集的中度污染水为例操作。

a. 将水样稀释成 10^{-1}、10^{-2}。

b. 取 10 mL 原水样,注入装有 5 mL 三倍浓缩乳糖胆盐的发酵管中,另分别吸取 1 mL 10^{-1}、10^{-2} 稀释水样和原水样各注入装有 10 mL 单倍乳糖胆盐发酵管中。混匀后 37 ℃培养 24 h。

c. 同生活饮用水或食品生产用水做平板分离和证实实验,并查表 2-4、2-5 后进行报告。

表 2-4 大肠菌群检数表(中度污染水)

接种水样量/ mL				每升水样中大肠菌群数	备 注
10	1	0.1	0.01		
−	−	−	−	<90	接种水样总量为 11.11 mL(10、1、0.1、0.01 mL 各一份)
−	−	−	+	90	
−	−	+	−	90	
−	+	−	−	95	
−	−	+	+	180	
−	+	−	+	190	
−	+	+	−	220	
+	−	−	−	230	
−	+	+	+	280	
+	−	−	+	920	
+	−	+	−	940	
+	−	+	+	1800	
+	+	−	−	2300	
+	+	−	+	9600	
+	+	+	−	23800	
+	+	+	+	>23800	

表 2-5 大肠菌群变异不大的水源水大肠菌群检数表

阳性管数	0	1	2	3	4	5	6	7	8	9	10
每升水样中大肠菌群数	<10	11	22	36	51	69	92	120	160	230	>230
备 注	接种水样总量 100 mL(10 mL 10 份)										

4.滤膜法测定水中大肠菌群

用无菌无齿镊子夹取灭菌滤膜边缘部分，将粗糙面向上，贴放在已灭菌的滤床上，固定好滤器，将 100 mL 水样（如水样含菌数较多，可减少过滤水样量，或将水样稀释）注入滤器中，打开滤器阀门，在负 0.5 大气压下抽滤。水样滤完后，再抽气约 5 s，关上滤器阀门，取下滤器，用灭菌无齿镊子夹取滤膜边缘部分，移放在品红亚硫酸钠平板培养基上（截留细菌面向上），滤膜应与培养基完全贴紧，两者间不得留有气泡，然后将平皿放入 37 ℃恒温培养箱内倒置培养 22～24 h。

挑出符合下列特征菌落进行革兰氏染色，镜检。

紫红色，具有金属光泽的菌落。

深红色，不带或略带金属光泽的菌落。

淡红色，中心色较深的菌落。

凡革兰氏染色为阴性、无芽孢的杆菌，再接种于单倍乳糖发酵管，于 37 ℃培养 24 h，有产酸产气者，则判定为大肠菌群。

最后报告每 100 mL 水样中的总大肠菌群数（cfu/100 mL）。

五、实验报告

(1)如表 2-1 列表报告所测水样中细菌总数。

(2)被检测水中大肠菌群数是多少？是否符合我国饮用水卫生标准？

六、思考题

测定总大肠菌群数的多管发酵法和滤膜法哪种结果更准确？

（重庆师范大学　王汉臣）

实验 10　酸乳的制作与乳酸菌的分离

一、实验目的

(1)了解乳酸菌的生长特性和乳酸发酵的基本原理。

(2)学习酸乳的制作方法。

二、实验原理

酸乳是牛奶经过均质、消毒、发酵等过程加工而成的。酸乳的品种很多，根据发酵工艺的不同，可分为凝固型酸乳和搅拌型酸乳两大类。凝固型酸乳在接种发酵菌株后，立即进行包装，并在包装容器内发酵、成熟。凝固型酸乳经调配又可制作成为各种风味保健饮料。

嗜热乳酸链球菌(*Streptococcus thermophilus*)和保加利亚乳杆菌(*Lactobacillus bulgaricus*)是两类最常用的酸乳发酵菌种，近年来，双歧乳酸杆菌引入酸乳制造。双歧杆菌产生的双歧杆菌抑菌素对肠道中的致病微生物具有明显的杀灭效果，双歧杆菌还能分解积存于肠胃中的致癌物 N—亚硝基胺，防止肠道癌变，并能促进免疫球蛋白的产生，提高人体免疫力，使酸乳在原有的助消化、促进肠胃功能的基础上，又具备了防癌和抗癌的保健效用。生产上已经由传统的单株发酵，变为双株或三株共生发酵。

乳酸菌种可以从市场销售的各类酸乳中分离。

三、实验器材

(1)菌种　嗜热乳酸链球菌(*Streptococcus thermophilus*)、保加利亚乳杆菌(*Lactobacillus bulgaricus*)，乳酸菌种也可从市场销售的各种新鲜酸乳或酸乳饮料中分离。

(2)培养基　BCG 牛乳培养基、乳酸菌培养基、脱脂乳试管、脱脂乳粉或全脂乳粉、鲜牛奶、蔗糖、碳酸钙。

(3)仪器及用具　恒温水浴锅、酸度计、均质机、高压蒸汽灭菌锅、超净工作台、培养箱、酸乳瓶(200～280 mL)、培养皿、试管、300 mL 三角瓶。

四、实验步骤

1.乳酸菌的分离纯化

(1)分离　取市售新鲜酸乳或泡制酸菜的酸液稀释至 10^{-5}，其中的 10^{-4}、10^{-5} 两个稀释度的稀释液各 0.1～0.2 mL，分别接入 BCG 牛乳培养基琼脂平板上，用无菌涂布器依次涂布，或者直接用接种环蘸取原液平板划线分离，置 40 ℃温箱中培养 48 h，如出现圆形稍扁平的黄色菌落及其周围培养基变为黄色者初步定为乳酸菌。

(2)鉴别　选取乳酸菌典型菌落转至脱脂乳试管中，40 ℃培养 8 h，若牛乳出现凝固，无气泡，呈酸性，涂片镜检细胞杆状或链球状(两种形状的菌种均分别选入)，革兰氏染色呈阳性，则可将其连续传代，最终选择出在 3～6 h 能凝固的牛乳管，保存待用。

2.乳酸发酵及检测

发酵：在无菌操作下将分离的一株乳酸菌接种于装有 300 mL 乳酸菌培养液

的500 mL三角瓶中，40～42 ℃静止培养。

(1)乳酸发酵基料的配制：将全脂乳、蔗糖和水以10∶5∶70(W/V)的比例充分混合，于60～65 ℃灭菌30 min，然后冷却至40～45 ℃，作为制作饮料的培养基质。

如果以鲜牛乳为原料，由于牛乳中的乳脂率和干物质含量相对较低，特别是酪蛋白和乳清蛋白含量偏低，制成的酸乳凝乳的硬度不高，可能会有较多乳清析出。为了增加干物质含量，可用以下3种方法进行处理：

a. 将牛乳中水分蒸发10%～20%，相当于干物质增加1.5%～3%；

b. 添加浓汁牛乳(如炼乳、牦牛乳或水牛乳等)；

c. 按质量的0.5%～2.5%添加脱脂乳粉。

(2)菌种的扩大及接种：将分离到的菌种转入上述培养基进行扩大培养得生产菌种。

将纯种生产菌种嗜热乳酸链球菌、保加利亚乳杆菌及两种菌的等量混合菌液作为发酵剂，均以2%～5%的接种量分别接入以上培养基质中即为饮料发酵液，亦可以市售鲜酸乳为发酵剂。接种后摇匀，分装到已灭菌的酸乳瓶中，每一种菌的饮料发酵液重复分装3～5瓶，随后将瓶盖拧紧密封。

(3)发酵培养：把接种后的酸乳瓶置于40～42 ℃恒温箱中培养3～4 h。培养时注意观察，在出现凝乳后停止培养。然后转入4～5 ℃的低温下冷藏24 h以上。经此后熟阶段，达到酸乳酸度适中(pH4～4.5)，凝块均匀致密，无乳清析出，无气泡，获得较好的口感和特有风味。

(4)乳酸含量的检测：为了便于测定乳酸发酵情况，实验分2组。一组在接种培养后，每6～8 h取样分析，测定pH。另一组在接种培养24 h后，每瓶加入$CaCO_3$ 3 g(以防止发酵液过酸使菌种死亡)，每6～8 h取样，检测乳酸的含量并镜检乳酸菌(方法见附录5)。

以感官检查方法评定产品质量，采用乳酸球菌和乳酸杆菌等量混合发酵的酸乳与单菌株发酵的酸乳相比较，前者的香味和口感更佳。品尝时若出现异味，表明酸乳被污染了杂菌。比较项目见表2-6。

3. 乳酸饮料的制作

若要制作酸乳饮料，可用经过后酵的酸乳来调配。

(1)实验配方

酸乳(经后酵)	300 mL
50度糖浆	220 mL
食用柠檬酸	1.5 g
耐酸型食用CMC	1.5 g
乳化发酵牛奶香精	0.8 mL
乳化草莓香精	1.0 mL
饮用水	加至1000 mL

调配后用均质机在55～70 ℃和20 MPa下均质，灌装、封口后，85 ℃ 30 min水浴消

毒，冷却后，4 ℃下可保存6个月。

(2)注意事项

①采用BCG牛乳培养基琼脂平板筛选乳酸菌时，注意挑取典型特征的黄色菌落，结合镜检观察，有利高效分离筛选乳酸菌。

②制作乳酸菌饮料，应选用优良的乳酸菌，采用乳酸球菌与乳酸杆菌等量混合发酵，使其具有独特风味和良好口感。

③牛乳的消毒应掌握适宜温度和时间，防止长时间采用过高温度消毒而破坏酸乳风味。作为卫生合格标准还应按卫生部规定进行检测，如大肠菌群检测等。经品尝和检验，合格的酸乳应在4 ℃条件下冷藏，可保持6～7 d。

④采用乳酸球菌和乳酸杆菌等量混合发酵的酸乳比用单独一种菌发酵生产的酸乳香味和口感更佳。品尝时若出现异味(比如苦味)，可能是由于无菌操作不规范而污染了杂菌。用过高温度灭菌也可能破坏乳酸风味。如选用的乳酸菌未能使牛乳凝固，则可能是由于所选菌落并非乳酸菌。另外，发酵时间过长或温度过高可能会造成乳清析出过多的现象。

五、实验报告

将发酵酸乳的感官评价结果记录于表2-6中。记录发酵过程、检测结果并进行结果分析。

表2-6 乳酸菌单菌及混合菌发酵的酸乳测定及品评的结果

乳酸菌类	乳酸的含量	品评内容					结论
		凝乳情况	口感	香味	异味	pH	
球 菌							
杆 菌							
球菌、杆菌混合(1∶1)							

六、思考题

(1)酸乳发酵引起凝乳的原理是什么？凝乳受到哪些因子影响？

(2)为什么采用乳酸菌混合发酵的酸乳比单菌发酵的酸乳口感和风味更佳？

(3)试设计一个利用萝卜皮进行酸萝卜发酵的实验的程序。

(内江师范学院 黎勇)

实验 11　抗药性突变株的分离

一、实验目的

(1)了解使用梯度平板法分离抗药性突变株的原理。

(2)掌握使用梯度平板法分离抗药性突变株的操作方法。

二、实验原理

抗性突变株是指由于某些物理、化学或生物因素的作用引起微生物基因突变,从而产生具有抗性的变异菌株。它包括了抗辐射突变株、抗温度突变株、抗渗透压突变株、抗药性突变株、抗乙醇突变株和抗噬菌体突变株等。它是微生物 DNA 分子某一特定位置的结构改变所致,与药物的存在无关,所以在抗药性突变株筛选中所使用的药物并不是引发突变的诱导物,而是用来筛选抗药性突变株的一种手段。因为在含有微生物抗性相关药物的培养基上,只有少数突变菌株才能生长出现菌落,所以可在加药培养基上筛选出抗药菌株。抗药性突变在育种和科研上都是十分重要的遗传标记,有一些抗药菌株也是重要的生产菌种,同时也是医学临床抗感染治疗中的研究内容,因此学习并掌握分离抗药性突变株的方法是很有必要的。

抗药性突变株的分离筛选方法比较多,其中浓度梯度培养皿法是比较简单而实用的方法。首先制备药物浓度梯度的双层培养基平板,然后把待筛菌液涂布于平板上,在药物浓度较高的部位长出的菌落就是抗药性突变株。可将这些菌落取出、纯化,进一步做抗药性验证。

三、实验器材

(1)菌株　大肠杆菌链霉素敏感菌株 *E. coli* Str^s。

(2)培养基　牛肉膏蛋白胨培养液和牛肉膏蛋白胨琼脂培养基,

(3)溶液和试剂　生理盐水、链霉素。

(4)仪器　酒精灯、直径 9 cm 的无菌培养皿、1 mL 的无菌吸管、无菌玻璃涂棒、水浴锅等。

四、实验步骤

1. 菌悬液的制备

接种已活化的大肠杆菌链霉素敏感菌株 *E. coli* Str^s 于 5 mL 牛肉膏蛋白胨培养液试管中，37 ℃振荡培养 24 h。

2. 梯度平板的制备

水浴锅中融化牛肉膏蛋白胨琼脂培养基。倒 10 mL 左右不含药的牛肉膏蛋白胨琼脂培养基入无菌培养皿中，立即把培养皿斜放，使培养基能覆盖完整个底部，并且使高处的培养基刚好位于皿边与皿底的交界处，保持到凝固为止。然后将培养皿水平放置，并做上标记。最后在斜面底层培养基上再倒入含有 100 μg/mL 链霉素的牛肉膏蛋白胨琼脂培养基 10 mL 左右，凝固后，就制成链霉素含量从一边 0 μg/mL 到另一边 100 μg/mL 的浓度梯度平板，见图 2-1。

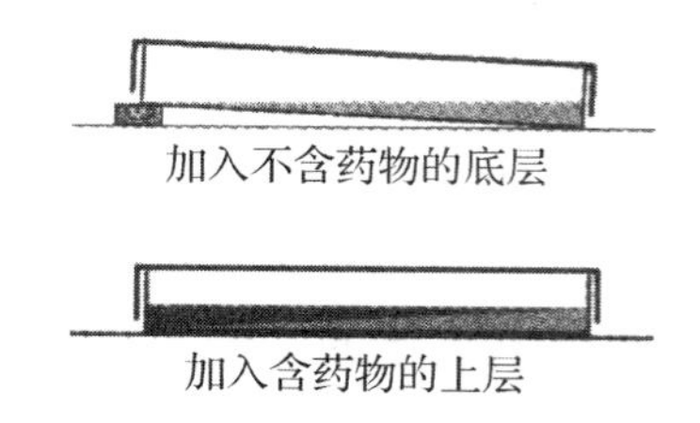

图 2-1　含药物浓度梯度平板的制备

3. 分离抗药性菌株

用 0.1 mL 的无菌吸管吸取大肠杆菌悬液 0.2 mL 转入浓度梯度平板。用无菌玻璃涂棒把菌液均匀地涂布在整个平板的表面。平板倒置于 37 ℃恒温箱中静置培养 48 h。观察菌株生长情况并记录培养结果，见图 2-2。

4. 抗性水平测定

将从浓度梯度平板上分离到的抗性菌株扩大培养，再用无菌生理盐水制成菌悬液，分别划线接种于含 20 μg/mL、40 μg/mL、60 μg/mL、80 μg/mL、100 μg/mL 和 120 μg/mL 链霉素的牛肉膏蛋白胨琼脂培养基上。平板倒置于 37 ℃恒温箱中静置培养 48 h。观察菌株生长情况并记录培养结果。

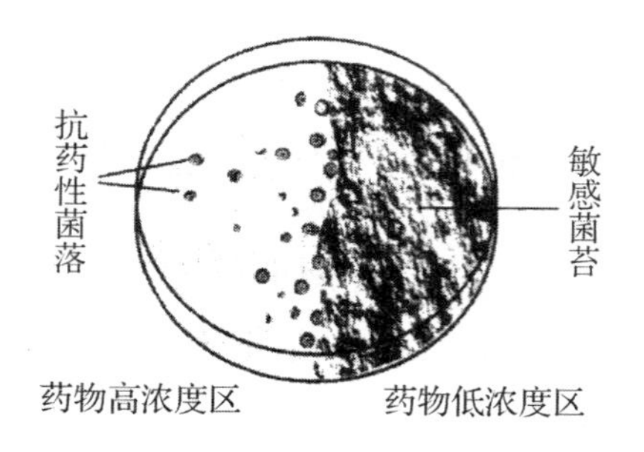

图 2-2　抗药性菌株在梯度平板上的分布

五、注意事项

(1)如果玻璃涂棒不预先消毒，而是现蘸乙醇并经火焰灭菌时，需要让玻璃涂棒稍微冷却一下，以免烫死细胞。

(2)在抗性水平测定中，需要做一个不含药的平板对照划线。

六、实验报告

记录实验结果并绘图加以说明。将测定的 OD 值填入下表:"+"代表生长,"—"代表不生长。

表 2-7 抗药性测定结果记录表

链霉素浓度(μg/ mL)	对照	20	40	60	80	100	120
大肠杆菌 *E. coli* Str^{s}							

七、思考题

(1)链霉素是引起大肠杆菌抗药性突变的原因吗?请设计一个实验加以说明。

(2)浓度梯度平板法除可用于分离抗药性突变菌株外,还有其他用途吗?

(四川师范大学 张尔亮 刘刚)

实验 12 高产蛋白酶菌种的诱变选育

一、实验目的

(1)掌握用 EMS 进行诱变育种的操作流程。

(2)掌握用平板透明圈法对米曲霉菌株进行高产蛋白酶菌种筛选的方法。

(3)掌握用摇瓶法进行复筛及蛋白酶活力测定的方法。

二、实验原理

EMS(甲基磺酸乙酯)被证明是最为有效而且负面影响小的诱变剂。它通过与核苷酸中的磷酸、嘌呤和嘧啶等分子直接反应来诱发突变。EMS 诱发的突变主要通过两个步骤来完成,首先鸟嘌呤的 O^{6} 位置被烷基化,成为一个带正电荷的季铵基团,从而发生两种遗传效应:一是烷化的鸟嘌呤与胸腺嘧啶配对,代替胞嘧啶,发生转换型的突变;二是由于鸟嘌呤的 N^{27} 烷基活化,糖苷键断裂造成脱嘌,而后在 DNA 复制过程中,烷基化鸟嘌呤与胸腺嘧啶配对,导致碱基替换,即 G≡C 变为 A═T。

三、实验器材

1.菌种

沪酿3.042米曲霉。

2.培养基和试剂

(1)豆汁斜面和平板培养基:5Bé 豆浆1000 mL,可溶性淀粉20 g,硫酸镁($MgSO_4 \cdot 7H_2O$)0.5 g,磷酸二氢钾(KH_2PO_4)1 g,硫酸铵[$(NH_4)_2SO_4$]0.5 g,琼脂20 g,pH自然。121 ℃湿热灭菌30 min。斜面培养基试管摆斜面,平板培养基待冷却至约60 ℃时,倒入90 mm平板中,备用。

(2)酪素蛋白透明圈培养基:称磷酸氢二钠[$Na_2HPO_4(7H_2O)$] 1.07 g及干酪素4 g,磷酸二氢钾(KH_2PO_4)0.36 g,加适量水溶解,加入1.5%琼脂融化后定容至900 mL,与$BaCl_2$ 4.0 g(以100 mL蒸馏水溶解)分别灭菌,稍冷后,混合并倒平板。

(3)摇瓶复筛培养基:称取麸皮80 g,豆饼粉(或面粉)20 g,加水95～110 mL(称为润水),水含量以手捏后指缝有水但不滴下为宜,于250 mL三角瓶中装入10 g左右(干料,料厚1～1.5 cm),121 ℃湿热灭菌30 min。

(4)pH7.2磷酸盐缓冲液:称取磷酸二氢钠($NaH_2PO_4 \cdot 2H_2O$)31.2 g,定容至1000 mL,即成0.2 M溶液(A液);称取磷酸氢二钠($Na_2HPO_4 \cdot 12H_2O$)71.63 g,定容至1000 mL,即成0.2 M溶液(B液)。取A液28 mL和B液72 mL,再用蒸馏水稀释1倍,即成。

(5)0.2 M甲基磺酸乙酯(EMS):以无菌pH7.2磷酸盐缓冲液配制。

(6)福林试剂:称取50 g钨酸钠,12.5 g钼酸钠,置于1000 mL圆底烧瓶中,加350 mL水,25 mL 85%磷酸,50 mL浓盐酸,文火微沸回流10 h,取下回流冷凝器,加50 g硫酸锂和25 mL水,混匀后,加溴水脱色,再微沸15 min,驱除残余的溴,溶液应呈黄色而非绿色。若溶液仍有绿色,需要再加几滴溴液,再煮沸除去之。冷却后用4号耐酸玻璃过滤器抽滤,滤液用水稀释至500 mL,置于棕色瓶中保存。使用时,用1∶2稀释。

(7)0.4 mol碳酸钠溶液:称取无水碳酸钠(Na_2CO_3)42.4 g,定容至1000 mL。

(8)0.4 mol三氯乙酸(TCA)溶液:称取三氯乙酸(CCl_3COOH)65.4 g,定容至1000 mL。

(9)2%酪蛋白溶液:准确称取干酪素2 g,称准至0.002 g,加入0.1 N氢氧化钠10 mL,在水浴中加热使溶解(必要时用小火加热煮沸),然后用pH7.2磷酸盐缓冲液定容至100 mL即成。配制后应及时使用或放入冰箱内保存,否则极易繁殖细菌引起变质。

(10)100 μg/mL酪氨酸溶液:精确称取在105 ℃烘箱中烘至恒重的酪氨酸0.1000 g,逐步加入 6 mL 1 N 盐酸使溶解，用 0.2 N 盐酸定容至 100 mL，其浓度为 1000 μg/mL，再吸取此液 10 mL，以 0.2N 盐酸定容至 100 mL，即配成 100 μg/mL 的酪氨酸溶液。此溶液配成后也应及时使用或放入冰箱内保存，以免繁殖细菌而变质。

3.仪器和其他用具

恒温摇床、恒温培养箱、分光光度计、磁力搅拌器、超净工作台、分析天平、水浴锅、三角烧瓶、试管、培养皿、脱脂棉、无菌漏斗、玻璃珠、移液管、涂布器、酒精灯等。

四、实验步骤

1.菌悬液制备

将米曲霉菌株转移至豆汁斜面培养基中，30 ℃培养 3～5 d 活化并产生大量孢子。然后用 1 mL pH7.2 的无菌磷酸缓冲液将斜面上的孢子洗至装有 100 mL 无菌水的 250 mL 三角瓶中(内装玻璃珠，装量以大致铺满瓶底为宜)，振荡 2～3 min 使之分散，在超净工作台上用垫有无菌脱脂棉的灭菌漏斗过滤去掉米曲霉菌丝体，将滤液收集入 250 mL 灭菌三角瓶中，取 1 mL 滤液于装有 9 mL 无菌水的试管中，梯度稀释直到 10^{-12}，冷冻保藏备用。

2.孢子浓度测试

将梯度稀释得到的孢子悬液进行孢子计数，以每毫升中含 120 个左右孢子稀释度的样品为参照，左右顺延 1 个稀释度，即共取 3 个稀释度的孢子悬液为测试孢子浓度的样品。然后取孢子悬液 0.2 mL 涂布在 9 cm 平板上，每个做 3 个平行，30 ℃培养，记录菌落数。

3.诱变处理

(1)诱变剂处理

取梯度稀释到每个平板萌发 20～30 个的米曲霉孢子悬液 0.3 mL 于 1.5 mL 离心管中(黑布或黑纸包扎避光)，加入上述的 EMS 0.3 mL(做平行 3 个)，于 30 ℃下分别暗处振荡处理 20 min、40 min、60 min 后，加入 0.6 mL 2%的 $Na_2S_2O_3$ 溶液终止反应。分别标记为 M21、M22、M23(20 min 处理)、M41、M42、M43(40 min 处理)、M61、M62、M63(60 min 处理)。

(2)诱变菌株的培养

取诱变后的孢子悬液 0.2 mL 加入 9 cm 的酪素蛋白透明圈培养基平板中(每个处理做 3 个平行)，然后涂布并在暗处(黑布或黑纸包扎避光)静止，待菌液渗入培养基后倒置，于 30 ℃培养 2～3 d(黑布包扎)。

4.优良菌株的筛选

(1)初筛　首先观察在菌落周围出现的透明圈大小，测量并计算其菌落直径与透明圈直径之比，选择透明圈直径与菌落直径之比大且菌落直径也大的菌落接入酪素蛋白培养基试管(未发生孢子之前挑取)，于 30 ℃培养至长满孢子，作为复筛菌株。

(2)平板复筛　分别倒酪素蛋白培养基平板，在每个平板的背面用红笔划线分区，从圆心划线至周边分成 8 等份，第 1～7 份点种初筛菌株，第 8 份点种原始菌株(点种位置对称，量不宜多且控制基本一致，更不能相互混合)。30 ℃培养，观察透明圈的大小及其与菌落直径比值，按初筛方法选择，获得数株优良菌株，保存于豆汁培养基中，30 ℃培养至长出孢子，进入摇瓶复筛阶段。

(3)摇瓶复筛　将复筛出的菌株，接入米曲霉摇瓶复筛培养基中，摇匀。30 ℃培养，当培养基长满菌丝体(全部发白)时(时间与接种量有关)，摇瓶 1 次并均匀铺开；继续培养，培养基再次结块时，再摇瓶；当培养基上长出大量黄绿色孢子后，扣瓶，随后检测蛋白酶的活性。

(4)蛋白酶活力的测定

①测定原理：中性蛋白酶在一定的温度和 pH 条件下，水解酪素底物产生含有酚基的氨基酸，在碱性条件下，将福林试剂还原，生成钼蓝与钨蓝，其颜色深浅与酚基氨基酸含量成正比。通过在 660 nm 的波长时测定其吸光度，可得到酶解产生的酚基氨基酸的量，计算出蛋白酶活力，以此代表蛋白酶的总酶活力。

②操作

A. 标准曲线的绘制

按表 2-8，配制各种不同浓度的酪氨酸溶液。

表 2-8　配制各种不同浓度的酪氨酸溶液

试剂	管号					
	1	2	3	4	5	6
蒸馏水(mL)	10	8	6	4	2	0
100 μg/mL 酪氨酸(mL)	0	2	4	6	8	10
酪氨酸最终浓度(μg/mL)	0	20	40	60	80	100

取 6 支试管，编号，按表 2-8 分别吸取不同浓度酪氨酸 1 mL，各加入 0.4 mol 碳酸钠 5 mL，再各加入已稀释的福林试剂 1 mL。摇匀后置于水浴锅中。40 ℃保温发色 20 min 在分光光度计进行测定(波长 660 nm)。一般测三次，取平均值。将 1～6 号管所测得的光密度(OD)减去 1 号管(蒸馏水空白实验)所测得的光密度为净 OD 值。以净 OD 值为横坐标，酪氨酸的浓度为纵坐标，绘制成标准曲线并显示出散点图公式。

B. 测定步骤

B.1 酶稀释液的制备

称取充分研细的成曲 1～5 g 及自来水 100 mL，加少量水在研钵内将其研磨成糊状，然后用剩余的水冲洗至 150～250 mL 锥形瓶中，摇动至匀，放在 40 ℃水浴内浸提，其间不时摇动，浸提 1 h 后用脱脂棉过滤，滤液用 0.1 mol pH7.2 磷酸盐缓冲液稀释到一定倍数(估计酶活力而定)。

B.2 蛋白酶活力测定

取 15 mm×100 mm 试管 3 支,编号 1、2、3,每管内加入酶稀释液 1 mL,置于 40 ℃水浴中预热 2 min,再各加入 40 ℃水浴中预先预热的酪蛋白 1 mL,精确保温 10 min,时间到后,立即再各加入 0.4 mol 三氯乙酸 2 mL,以终止反应,继续置于水浴中保温 20 min,使残余蛋白质沉淀后离心或滤纸过滤收集滤液。然后另取 15 mm×150 mm 试管 3 支,编号 1、2、3,每管内加入滤液 1 mL,再加 0.4 mol 碳酸钠 5 mL,已稀释的福林试剂 1 mL,摇匀,40 ℃保温发色,20 min 后进行光密度(OD_{660})测定。

空白实验也取试管 3 支,编号 1、2、3,测定方法同上,唯在加酪蛋白之前先加 0.4 mol 三氯乙酸 2 mL,使酶失活,再加入酪蛋白。按下式计算净 OD 值:

净 OD 值 = 酶稀释液的平均光密度(OD)- 空白的平均光密度(OD)

③计算

定义:在 40 ℃下每分钟水解酪蛋白产生 1 μg 酪氨酸,定义为 1 个蛋白酶活力单位。

$$样品蛋白酶活力单位=\frac{A}{10}\times 4\times N\times \frac{1}{1-W}$$

式中:A—由稀释液先测得的净 OD 值,然后根据公式计算出的酪氨酸重量(μg);

4—4 mL 反应液取出 1 mL 测定(即 4 倍);

N—酶液的稀释倍数;

10—反应时间 10 min;

W—样品水分百分含量。

五、实验报告

(1)稀释的被用于诱变的孢子悬液的孢子浓度是多少?

(2)不同诱变时间下孢子的致死率是多少?

(3)比较所获得的诱变菌株与出发菌株的蛋白酶活力后,是否都比出发菌株高?

六、思考题

(1)为什么要用孢子作为诱变材料? 菌丝体行不行?

(2)为什么要将孢子梯度稀释,取某个稀释度的孢子悬液来诱变?

(3)为什么菌丝体在透明圈培养基上生长后,产生了透明圈?

(4)为什么在挑取诱变株时,强调要菌落大而且透明圈与菌落直径比也要大?

(5)为什么要进行摇瓶复筛测定酶活力,而不是平板复筛后就可认定菌株的优良与否?

(6)所有的蛋白酶活力测定的方法一样吗? 为什么?

(7)举例说明微生物育种工作在人类生活中的重要性。

(西华师范大学 李林辉)

实验 13　大肠杆菌质粒 DNA 的提取和电泳检测

一、实验目的

学习和掌握碱裂解法提取质粒以及琼脂糖凝胶电泳检测 DNA 的方法和技术。

二、实验原理

质粒(Plasmid)是除细菌染色体外能自身独立复制的双股环状 DNA。细菌培养物加入 SDS 和 NaOH 碱性溶液处理后,菌体裂解,可使细菌的质粒 DNA、染色体 DNA 和 RNA 一起从细胞内释放出来。之后可根据共价闭合环状质粒 DNA 与线性染色体 DNA 在拓扑学上的差异来分离它们。在 pH 值介于 12.0～12.5 这个狭窄的范围内,线性的 DNA 双螺旋结构解开而被变性,而共价闭环质粒 DNA 的两条互补链彼此相互缠绕,仍会紧密地结合在一起。当加入 pH4.8 的乙酸钾高盐缓冲液恢复 pH 至中性时,共价闭合环状的质粒 DNA 的两条互补链仍保持在一起,因此复性迅速而准确,而线性的染色体 DNA 的两条互补链彼此已完全分开,复性就不会那么迅速而准确,它们缠绕形成网状结构,通过离心,染色体 DNA 与不稳定的大分子 RNA,蛋白质—SDS 复合物等一起沉淀下来而被除去。

经琼脂糖凝胶电泳,因各种核酸分子的迁移率不同将核酸分成不同的带。用溴化乙啶(EB)染色后,在紫外线灯下可看到各种核酸带发出的荧光。根据荧光的位置,可区分不同的核酸带。

三、实验器材

菌株 *E. coli* JM109(pUC19),*E. coli* RRI(pBR322)

溶液Ⅰ(50 mM 葡萄糖、25 mM Tris-HCl pH 8.0、10 mM EDTA)

溶液 II (0.2 N NaOH、1%SDS)用前新配制

溶液 III (5 mM KAc 溶液 pH4.8)

TE 缓冲液 (10 mM Tris-HCl、1 mM EDTA pH8.0)

LB 液体培养基(胰蛋白胨 10 g、酵母粉 5 g、NaCl 10 g,加蒸馏水溶解,用 NaOH 调 pH 至 7.5,加水至 1000 mL,15 磅高压灭菌 15 min)

琼脂糖

10×TAE 电泳缓冲液(40 mM Tris、20 mM NaAc,1 mM EDTA pH8.0)

载体缓冲液(0.25%溴酚蓝、30%甘油)

溴化乙啶水溶液(10 mg/ mL)
恒温摇床
冷冻离心机
移液枪一套
制冰机
三角瓶
Eppendorf 管
试管
培养皿
试剂瓶
超净工作台
凝胶槽
电泳仪

四、实验步骤

1. 质粒 DNA 的提取

(1)接种细菌于 5 mL LB 液体培养基中,37 ℃培养过夜。

(2)3000 r/min,离心 15 min,弃上清。加入 100 μL 溶液Ⅰ悬起细菌沉淀。

(3)加入 200 μL 前新配制的溶液Ⅱ,颠倒 EP 管 5 次混合均匀,置冰浴 2 min。

(4)加入 150 μL 溶液Ⅲ温和地混匀,12000 r/min,离心 5 min。

(5)吸取上清清亮裂解液放入另一新 EP 管中,加等体积酚—氯仿—异戊醇抽提 2 次,12000 r/min,离心 2 min。(若不做酶切,此步可省略)吸取上清放入另一新 EP 管中,加入二倍体积的冷乙醇,12000 r/min,离心 10 min。

(6)弃乙醇,干燥后用 30 μL TE 缓冲液洗下核酸,待电泳检测。

2. 琼脂糖凝胶电泳检测

(1)取琼脂糖 0.9 g,加入 100 mL 1×TAE 电泳缓冲液于 250 mL 烧瓶中,100 ℃加热溶解。

(2)平衡凝胶槽,放好两侧挡板,调节好梳子与底板的距离(一般高出底板 0.5~1 mm)。

(3)铺板:在溶解好的凝胶中加入终浓度为 0.5 μg/mL 的溴化乙啶水溶液,轻轻混匀,待冷至 50 ℃左右倒入凝胶槽,胶厚一般为 5~8 mm。

(4)待胶彻底凝固后,去掉两侧挡板,将凝胶放入盛有电泳液的槽中(加样孔朝向负极端,DNA 由负极向正极移动),使液面高出凝胶 2~3 mm,小心拔出梳子。

(5)DNA 样品与载体缓冲液 5∶1 混合并加入凹孔中(样品不可溢出)。

(6)打开电源,调节所需电压,电压与凝胶的长度有关,一般使用电压不超过 5 V/cm。

(7)根据指示染料移动的位置,确定电泳是否终止(溴酚蓝的泳动距离在 5S RNA

和 0.3 kb DNA 带之间)。

(8)电泳完毕关闭电源。将凝胶放在紫外灯下观察并拍照。

五、实验报告

记录下琼脂糖凝胶电泳条带并针对结果进行分析。

六、思考题

(1)如果质粒提取后通过电泳检测没有条带,其主要原因可能有哪些方面?

(2)琼脂糖凝胶电泳中 DNA 分子迁移率受哪些因素的影响?

(西南大学　何颖)

实验 14　酵母 RNA 的提取及组分鉴定

一、实验目的

(1)掌握稀碱法提取核酸的原理和方法。

(2)了解 RNA 的组分,掌握鉴定 RNA 组分的方法。

二、实验原理

由于 RNA 的来源和种类很多,因而提取制备方法也各异。一般有苯酚法、去污剂法和盐酸胍法。其中苯酚法又是实验室最常用的。组织匀浆用苯酚处理并离心后,RNA 即溶于上层被酚饱和的水相中,DNA 和蛋白质则留在酚相中。向水相加入乙醇后,RNA 即以白色絮状沉淀析出,此法能较好地除去 DNA 和蛋白质。上述方法提取的 RNA 具有生物活性。

工业上常用稀碱法和浓盐法提取 RNA,用这两种方法所提取的核酸均为变性的 RNA,主要用作制备核苷酸的原料,其工艺比较简单。浓盐法使用 10% 左右氯化钠溶液,90 ℃提取 3～4 h,迅速冷却,提取液经离心后,将上清液用乙醇沉淀 RNA。稀碱法使用稀碱使酵母细胞裂解,然后用酸中和,除去蛋白质和菌体后的上清液用乙醇沉淀 RNA 或调 pH2.5,利用等电点沉淀。

酵母含RNA达2.67%～10.0%，而DNA含量仅为0.03%～0.516%，为此，提取RNA多以酵母为原料。

RNA含有核糖、嘌呤碱、嘧啶碱和磷酸各组分。加硫酸煮，可使RNA水解，从水解液中可用定糖，加钼酸铵沉淀（或用定磷法）和加银沉淀等方法测出上述组分的存在。

三、实验器材

1. 实验材料

酵母粉（或酵母片）。

2. 实验试剂

0.04 mol/L NaOH溶液、95%乙醇、酸性乙醇溶液、1.5 mol/L硫酸溶液、浓氨水、0.1 mol/L硝酸银溶液、氯化铁浓盐酸溶液、苔黑酚乙醇溶液、钼酸铵试剂（将2 g钼酸铵溶解在100 mL 10%硫酸中）、标准RNA母液、标准RNA溶液、样品溶液、地衣酚—铜离子试剂。

3. 仪器或其他用具

研钵、150 mL锥形瓶、恒温水浴锅、布氏漏斗及抽滤瓶、离心机、漏斗、分光光度计。

四、实验步骤

1. RNA的提取

将5 g酵母悬浮于30 mL 0.04 mol/L氢氧化钠溶液中，并在乳钵中研磨均匀。将悬浮液转移至100 mL锥形瓶中。沸水浴加热30 min后，冷却。离心（3000 r/min）15 min，将上清液缓缓倾入15 mL酸性乙醇溶液中。注意要一边搅拌一边缓缓倾入。待核糖核酸沉淀完全后，离心（3000 r/min）3 min。弃去上清液。用95%乙醇洗涤沉淀两次，乙醚洗涤沉淀一次后，再用乙醚将沉淀转移至布氏漏斗中抽滤。沉淀可在空气中干燥。称量所得RNA粗品的重量。

2. RNA组分鉴定

取200 mg提取的核酸，加入1.5 mol/L硫酸溶液10 mL，在沸水浴中加热10 min。制成水解液并进行组分的鉴定。

（1）嘌呤碱　取水解液1 mL加入过量浓氨水，然后加入约1 mL 0.1 mol/L硝酸银溶液，观察有无嘌呤碱的银化合物絮状沉淀生成。

（2）核糖　取1支试管加入水解液1 mL，三氯化铁浓盐酸溶液2 mL和苔黑酚乙醇溶液0.2 mL。放沸水浴中10 min。注意溶液是否变成绿色，说明核糖是否存在。

（3）磷酸　取1支试管，加入1 mL水解液，加入5滴浓 HNO_3 和1 mL钼酸铵试剂后，在沸水浴中加热，观察有无黄色磷钼酸铵沉淀产生，说明磷酸是否存在。

五、实验报告

(1)计算干酵母粉中 RNA 的含量。
(2)记录 RNA 各组分鉴定后观察到的现象。
①嘌呤碱：是否有(银化合物沉淀)；
②核糖：是否有(溶液变为绿色)；
③磷酸：是否有(黄色磷钼酸铵沉淀)。

六、思考题

(1)如何得到高产量 RNA 粗制品？
(2)本实验 RNA 组分是什么？怎样验证的？
(3)验证 RNA 中核糖的办法，可否用以检验脱氧核糖，为什么？
(4)为什么用稀碱溶液可以使酵母细胞裂解？
(5)干扰本实验的物质有哪些？设计排除这些干扰的实验。

(绵阳师范学院　陈希文)

实验 15　大肠杆菌感受态细胞的制备与转化

一、实验目的

学习并掌握感受态细胞的制备及将外源基因导入细胞的方法。

二、实验原理

制备感受态细胞常用冰预冷 $CaCl_2$ 处理细菌的方法，即低渗 $CaCl_2$ 溶液在低温(0 ℃)时处理快速生长的细菌，从而获得感受态细菌。处理后细菌膨胀成球形，外源 DNA 分子在此条件下易形成抗 DNA 酶的羟基一钙磷酸复合物粘附在细菌表面，通过热激作用促进细胞对 DNA 的吸收。

本方法选用的细菌必须处于对数生长期，实验操作必须在低温下进行。

三、实验器材

菌株:大肠杆菌(*Escherichia coli*)。

培养基:LB琼脂平板(无抗生素)、LB琼脂平板(含氨苄青霉素)、LB液体培养基(无抗生素)、LB液体培养基(含氨苄青霉素)。

试剂:0.1 mol/L $CaCl_2$ 溶液、外源基因(如质粒pUC19)。

仪器及用具:恒温培养箱、恒温摇床、离心机、高压蒸汽灭菌锅、超净工作台、微量离心管、移液器一套(配有1 mL及200 μL吸头)。

四、实验步骤

(1)菌种活化及培养:取−70 ℃冰冻菌种,用划线法接种细菌于培养皿,做好标记,于37 ℃培养16~20 h。培养结束,从平板上挑取单个菌落,接种至含有3 mL LB培养液的试管中,37 ℃振荡培养过夜。

次日取菌液1 mL接种至含有100 mL LB培养基的500 mL烧瓶中,37 ℃,200~300 r/min,震荡培养约2~3 h。当 OD_{600} 为0.5~0.6(细胞数<10^8/L),即细菌生长的对数期时,立即取出,冰浴15~20 min。

(2)感受态细胞的制备:在无菌条件下把菌液转入50 mL离心管中。4 ℃,4000 r/min离心10 min。弃上清,将管倒置于干滤纸上1 min,吸干残留的培养液。加10 mL冰冷的0.1 mol/L的 $CaCl_2$ 到离心管中,轻轻振荡混匀,重悬菌体,冰浴10 min。然后,4 ℃,4000 r/min离心10 min,弃上清,将管倒置于干滤纸上1 min,吸干残留的培养液。加2~4 mL冰冷的0.1 mol/L的 $CaCl_2$,轻轻振荡混匀,重悬浮菌体。每管200 μL分装,至4 ℃保存备用24~48 h内使用效果较好。如果暂时不用,可再保存于−70 ℃的低温冰箱中。

(3)感受态细胞的转化:取1 μL质粒DNA10~50 ng加入到以上感受态细胞中,轻轻混匀,置于冰上30 min。将感受态细胞42 ℃热休克90 s后立即迅速放入冰中2 min,然后加800 μL LB液体培养基(无抗生素),37 ℃,100~150 r/min,振荡培养40~60 min。

取适量转化细胞涂布于两个LB琼脂平板(含氨苄青霉素),在洁净的超净台上风干,然后37 ℃倒置培养12~16 h。经37 ℃培养过夜的,在氨苄青霉素/LB琼脂平板上出现的菌落即为pUC19质粒转化的大肠杆菌。

五、实验报告

计数在氨苄青霉素/LB琼脂平板上出现的菌落总数,计算制备的感受态菌的转化效率,以每毫克质粒DNA转化的菌落数表示。

六、注意事项

(1)实验所用溶液最好采用3次蒸馏水配制,尽量在冰上操作实验。
(2)离心后,重悬细胞操作时要轻。

七、思考题

(1)本实验成功的关键在哪里?
(2)如何才能获得高转化率的感受态细胞?

(乐山师范学院　龚明福 王燕)

实验16　酵母菌的固定化及其乙醇发酵

一、实验目的

(1)理解细胞固定化、固定化细胞发酵的原理。
(2)掌握酵母细胞固定化的实验操作。
(3)掌握固定化酵母细胞的酒精发酵实验操作。

二、实验原理

传统的酒精发酵工艺,用游离细胞进行发酵,酵母随发酵醪液流走,造成发酵罐中酵母细胞浓度不够、产酒率不高、杂菌污染严重以及菌种单一等现象,使酒精发酵速率慢、发酵时间长、设备利用率不高。用固定化酵母细胞,可解决上述问题,而且不影响原酒风味,提高了产量和质量,简化了生产工序,节能降耗,提高了设备利用率。

固定化细胞技术具有较好的催化活性和多种优点,固定化酵母细胞以葡萄糖为主要原料可进行酒精发酵,当糖类扩散进入包埋体后被酵母菌细胞运输到细胞内,先经过EMP途径变成丙酮酸,在无氧的条件下丙酮酸脱羧还原生成酒精,而在有氧的情况下丙酮酸彻底氧化成二氧化碳和水。

三、实验器材

水浴锅、灭菌锅、酒精计、血球计数板、显微镜、20 mL 注射器、烧杯、三角瓶、玻璃棒、干酵母粉、海藻酸钠、无水氯化钙、柠檬酸钠、葡萄糖。

四、实验步骤

1.酵母菌的固定化

(1)试剂配制与酵母菌活化

$CaCl_2$ 溶液:称取 0.83 g 无水氯化钙加 150 mL 水溶解,备用。

海藻酸钠溶液:称取 0.7 g 海藻酸钠加入 10 mL 水,加热溶解成糊状,备用。

10%葡萄糖溶液:称取 15 g 葡萄糖溶液溶于 150 mL 水中,备用。

活化酵母菌:称取 1 g 干酵母,放入 50 mL 的小烧杯中,加入蒸馏水 10 mL。用玻璃棒搅拌,使酵母细胞混合均匀,呈糊状,放置 1 h 左右,使其活化,制成酵母悬液,备用。

(2)混合海藻酸钠溶液和酵母悬液

将溶化好的海藻酸钠溶液冷却至室温,加入已经活化的酵母细胞,同时用玻璃棒充分搅拌,混合均匀。用海藻酸钠制成不含酵母菌的凝胶珠,作为对照。

(3)固定化操作

用 20 mL 注射器吸取海藻酸钠与酵母悬液,在恒定的高度(距液面约 12～15 cm),高度过低凝胶珠形状不规则,过高液体容易飞溅,恒定而缓慢地将混合液滴加到准备好的 $CaCl_2$ 中,保证液滴在 $CaCl_2$ 溶液中形成凝胶珠形,凝胶珠在 $CaCl_2$ 溶液中静置浸泡 30 min 以上形成稳定的结构,要保证其充分固定。用不含酵母的蒸馏水与海藻酸钠做相同的处理,制得的凝胶珠做对照实验。

(4)凝胶珠完整性和弹性的检查

可用两种方法进行凝胶珠质量的检验:a. 用镊子夹起几个凝胶珠,放在实验桌上用手挤压,如果凝胶珠不容易破裂,没有液体流出,就表明凝胶珠的完整性较好。b. 在实验桌上用力摔打凝胶珠,如果凝胶珠很容易弹起,也没有破裂现象,表明凝胶珠的完整性和弹性均较好。

(5)凝胶珠内包埋酵母菌的测定

将一定量的酵母凝胶珠放入一定体积的 5%的柠檬酸钠溶液中,振摇凝胶颗粒使其完全溶解,再适当稀释,用血球计数板在显微镜下直接计数,取 3 次平均值,然后计算出单位数量凝胶珠内包埋的酵母菌数。

2.固定化酵母菌的酒精发酵

(1)发酵前处理

用 5 mL 移液器吸取灭菌蒸馏水冲洗凝胶珠 2～3 次,洗去凝胶珠表面多余的电解质，然后加入装有150 mL的10%葡萄糖溶液的三角瓶，塞紧棉塞，于25 ℃条件下静置发酵24 h后观察结果，看看有无气泡产生，同时能否闻到酒味。

(2)检测二氧化碳的生成

实验开始时，凝胶球是沉在烧杯底部，24 h后，凝胶球悬浮在溶液上层，而且可以观察到凝胶球并不断产生气泡，说明固定化的酵母细胞正在利用溶液中的葡萄糖，产生的二氧化碳在凝胶球内使其悬浮于溶液上层。对照凝胶珠不会上浮。

(3)检测酒精的产生

以蒸馏水为空白，用酒精计测定酒精浓度，选用量程为0%～50%的酒精计，将酒精计轻轻放入装有发酵溶液的量筒中(注意避免酒精计与量筒底部撞击)，待酒精计上下自由浮动稳定后，读取溶液弯月面下缘对应的酒精计刻度数，根据测得的酒精计示值和温度，查表，换算成20 ℃时酒精度，所得结果保留1位小数，即为发酵液的酒精度数。对照凝胶珠的发酵液酒精度数检测应当为零。

五、实验报告

(1)报告检查凝胶珠完整性和弹性的情况。

(2)报告测定凝胶珠内包埋酵母菌的结果。

(3)报告固定化酵母菌发酵酒精的检测结果。

六、注意事项

(1)海藻酸钠的浓度会影响固定化细胞的质量。海藻酸钠浓度过高，将很难形成凝胶珠；而浓度过低，形成的凝胶珠所包埋的酵母细胞的数目少。

(2)如果制作的凝胶珠颜色过浅、呈白色，说明海藻酸钠的浓度偏低，固定的酵母细胞数目较少；如果形成的凝胶珠不是圆形或椭圆形，则说明海藻酸钠的浓度偏高。

(3)固定化酵母菌的酒精发酵应在无氧的条件下进行。

七、思考题

(1)如何比较固定化酵母发酵和游离酵母发酵，发酵产生酒精的速度和度数的差异？

(2)如何控制好包埋的酵母细胞的数目和凝胶珠的颜色？

(3)包埋体中的酵母菌的数量为什么会影响发酵的效率？

(四川师范大学　刘刚　张尔亮)

第三篇

研究性实验

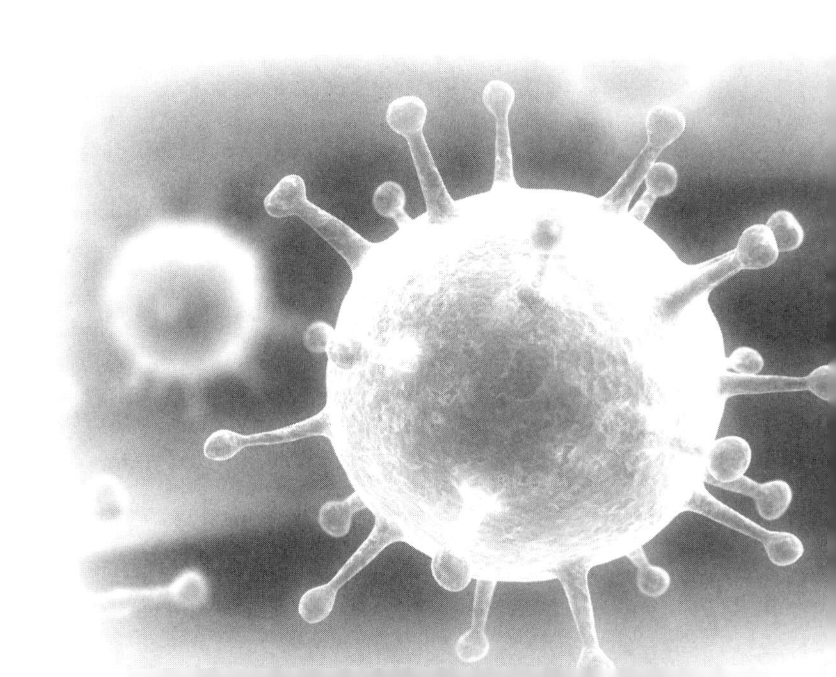

实验17 环境中目的微生物的分离、纯化及初步鉴定

第一部分 环境中目的微生物的分离、纯化

Ⅰ 土壤中微生物的计数

一、实验目的

(1)学习对土壤中微生物进行计数的方法。
(2)学习从土壤中分离、纯化微生物的方法。
(3)熟练运用各种微生物基本实验技能。

二、实验原理

平板划线分离法是借助划线使混杂的微生物在平板的表面分散开而获得单个菌落,从而达到分离的目的。

混合平板培养法测定菌落数是通过稀释手段,使样品充分分散,然后吸取一定量注入平皿内,倒入培养基,混匀静置凝固后培养,这样被分离的细菌被固定在原处而形成菌落,从而实现对土壤中微生物活体进行计数。

三、实验器材

(1)材料:75%酒精浸泡的棉球、无菌称量纸、土样、10%酚液。
(2)仪器和器具:生化培养箱、微波炉、摇床、电子天平、酒精灯、1 mL 移液管、盛 9 mL 无菌水的试管、装有 90 mL 无菌水并放有小玻璃珠的 250 mL 三角瓶、9 cm 培养皿、洗耳球、记号笔、接种环。
(3)培养基:牛肉膏琼脂培养基、高氏一号培养基、PDA 培养基。

四、实验步骤

1.消毒双手

用75%酒精浸泡的棉球对双手进行清洗消毒。

2.倒平板

将事先配好的培养基在微波炉中融化，冷却到50～55 ℃。然后在酒精灯火焰旁，以右手持培养基，左手拿培养皿，以无菌操作将培养基注入培养皿内，约15 mL，轻微转动使培养基均匀分布，然后静置于水平位置，待其凝固后使用。

3.混合平板培养法测定菌落数

(1)土壤样品稀释液的制备

准确称取土壤样品10 g，放入装有90 mL无菌水并放有小玻璃珠的250 mL三角瓶中，置摇床上振荡10～20 min，使微生物细胞分散，静置约20～30 s，即成10^{-1}稀释液；再用1 mL无菌移液管，吸取10^{-1}稀释液1 mL移入装有9 mL无菌水的试管中，吹吸3次，让菌液混合均匀，即成10^{-2}稀释液；再换一支无菌移液管吸取10^{-2}菌液1 mL移入装有9 mL无菌水试管中，即成10^{-3}稀释液；以此类推，一定要每次更换移液管，连续稀释，制成10^{-4}、10^{-5}、10^{-6}、10^{-7}、10^{-8}等一系列稀释度的菌液，供平板接种使用。

(2)平板接种培养

a.细菌

将无菌平板编上10^{-5}、10^{-6}、10^{-7}、10^{-8}号码，每一号码设置三个重复，用1 mL无菌移液管按无菌操作要求吸取10^{-8}稀释液各1 mL放入编号10^{-8}的3个平皿中，同法吸取10^{-7}稀释液各1 mL放入编号10^{-7}的3个平皿中，依此类推完成所有四个稀释度的实验(由低浓度向高浓度，吸管可不必更换)。然后在12个平皿中分别倒入已融化并冷却至45～50 ℃的牛肉膏琼脂培养基(装量以铺满皿底的三分之二为宜)，轻轻转动平板，使菌液与培养基混合均匀，冷凝后倒置，30 ℃培养，至长出菌落后即可计数。

b.放线菌

将无菌平板编上10^{-3}、10^{-4}、10^{-5}、10^{-6}号码，每一号码设置三个重复，在每管稀释液中加入10%酚液5～6滴，摇匀，静置片刻，然后用1 mL无菌移液管按无菌操作要求吸取10^{-6}稀释液各1 mL，放入编号10^{-6}的3个平皿中，同法吸取10^{-5}稀释液各1 mL放入编号10^{-5}的3个平皿中，依此类推完成所有四个稀释度的实验(由低浓度向高浓度，吸管可不必更换)。然后在12个平皿中分别倒入已融化并冷却至45～50 ℃的高氏一号培养基(装量以铺满皿底的三分之二为宜)，轻轻转动平板，使菌液与培养基混合均匀，冷凝后倒置，30 ℃培养，至长出菌落后即可计数。

c.霉菌

将无菌平板编上10^{-1}、10^{-2}、10^{-3}、10^{-4}号码，每一号码设置三个重复，用1 mL无菌移液管按无菌操作要求吸取10^{-4}稀释液各1 mL放入编号10^{-4}的3个平皿中，同法吸取10^{-3}稀释液各1 mL放入编号10^{-3}的3个平皿中，依此类推完成所有四个稀释度的实验(由低浓度向高浓度，吸管可不必更换)。然后在12个平皿中分别倒入已融化并冷却至45～50 ℃的PDA培养基(装量以铺满皿底的三分之二为宜)，轻轻转动平板，使菌液与培养基混合均匀，冷凝后倒置，30 ℃培养，至长出菌落后即可计数。

(3)结果计算

计算结果时，常按下列标准从接种后的4个稀释度中，选择一个合适的稀释度，求出每克待测样品中的含菌数。

①从4个稀释度中选出一个稀释度(即计算稀释度),每个平皿中的菌落数,细菌、放线菌、酵母菌以每皿30～300个菌落为宜,霉菌以每皿10～100个菌落为宜。这是因为稀释度过高,菌数少,误差大;稀释度过低,菌数多,不易得到分散的菌落,也不易数清。选出计算稀释度后,数出该稀释度中三个重复的菌落数,并求出平均的菌落数。

②同一稀释度的各个重复的菌数相差(平行误差)不能太悬殊。

③从低到高稀释度,以菌落数递减10倍为标准,各稀释度间的误差(递减误差)越小越好。

④含菌数的计算:含菌数通常以每克样品(烘干重或风干重)中,含有的测定菌的数量来表示。

4.平板画线法分离微生物

(1)接种环灭菌:用酒精灯的外焰对接种环进行灼烧灭菌。

(2)画线:待接种环冷却后,蘸取少许土壤悬液,取冷却的牛肉膏琼脂培养基平板,在酒精灯火焰的保护下进行画线。在平板培养基上进行"之"字形画线,见图3-1。第一次在一边画线,为第一菌区,将接种环灼烧灭菌,待冷却后将培养皿转动约70°角,通过培养基边缘第一次画线的后面几段做第二次画线,得到第二菌区,然后用同样的方法得到第三菌区和第四菌区,画线完毕,盖上培养皿盖。或者按照图3-1的B所示进行"平行画线",其过程近似前种方法。

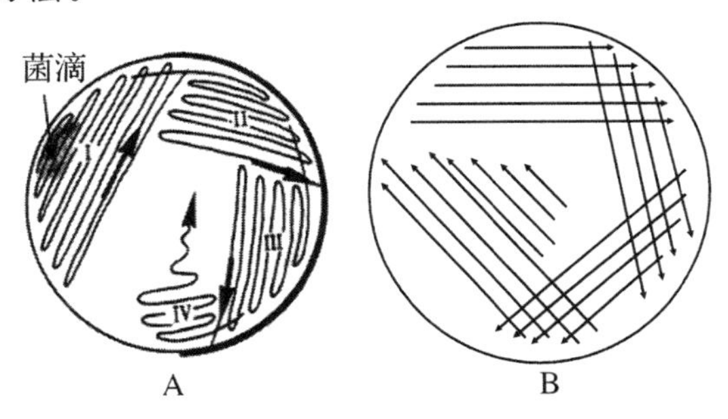

图3-1 平板培养基的接种画线方法

(3)培养:将培养皿倒置于生化培养箱中于30 ℃下培养。

五、实验报告

写出所测相应种类微生物的数量的计算过程和结果。

六、思考题

还可以用什么方法来对土壤中的微生物进行计数、分离和纯化?

(重庆师范大学 王汉臣)

Ⅱ 空气中微生物的计数

一、实验目的

(1)学习并掌握空气中微生物计数的基本方法,了解空气的污浊程度

(2)熟练运用各种微生物基本实验技能

二、实验原理

在锥形瓶中装满一定量的无菌水,打开阀门,让大试剂瓶中的水流出,使外界空气进入锥形瓶中,其体积相当于由阀门流出的水的体积,这样就可使一定体积空气中的微生物被收集在无菌水中,从而可以进行测定。

三、实验器材

1. 材料

75%酒精浸泡的棉球,牛肉膏蛋白胨琼脂培养基

2. 仪器和器具

生化培养箱,酒精灯,1 mL 移液管,装有 50 mL 无菌水的三角瓶,蒸馏水瓶(容积 4000 mL 以上),培养皿,洗耳球,记号笔

四、实验步骤

将事先配好的牛肉膏蛋白胨琼脂培养基在微波炉中熔化。然后在酒精灯火焰旁,以右手持培养基,左手拿培养皿,按无菌操作将培养基注入培养皿内,约 15 mL,轻微转动使培养基均匀分布,然后静置于水平位置,待其凝固后在沉降法中使用。

(一)滤过法 检查一定体积的空气中所含细菌的数量

1. 消毒双手

用 75%酒精浸泡的棉球对双手进行清洗消毒。

2. 收集装置组装

如图所示组装好收集装置,在大试剂瓶中装入 4 L 水。

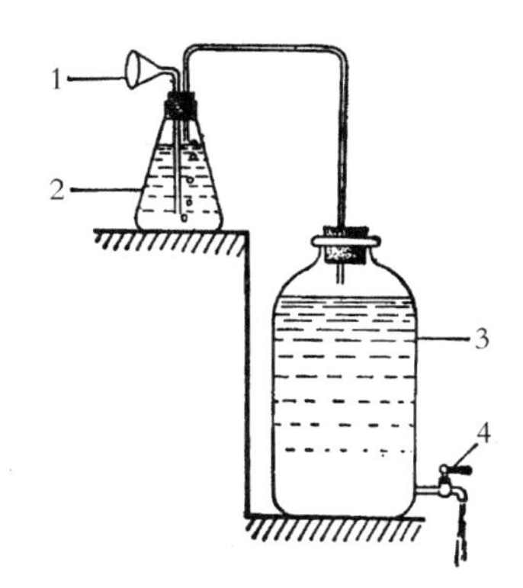

3. 样品收集

打开阀门，让大试剂瓶中的水缓慢流出，这时外界空气被吸入盛 50 mL 无菌水的三角瓶中，至 4 L 水流完后，则 4 L 体积空气中的微生物被滤过在 50 mL 无菌水中。

4. 平板接种培养

自三角瓶中吸取 1 mL 水样于无菌培养皿中（重复两皿），然后向平皿中分别倒入已融化并冷却至 45℃～50℃的牛肉膏蛋白胨琼脂培养基，轻轻转动平板，使菌液与培养基混合均匀，冷凝后倒置，30℃培养。

5. 计数

培养 48 小时后，按平皿上菌落数计算出每升空气中细菌的数目

$$每升空气菌数=\frac{1\ \text{mL 水中培养所得菌数（两皿平均）}\times 50}{4}$$

（二）沉降法

1. 微生物收集

将两个牛肉膏蛋白胨培养基在实验室内打开皿盖，分别暴露在空气中 5 分钟，10 分钟后盖好。

2. 培养观察计数

将培养皿置 30℃生化培养箱中倒置培养 48 小时后计算其菌落数，观察菌落的形态，颜色。

计算 1 m^3 空气中的细菌总数：

公式为：$X=(N\times 100\times 100)/(\pi r^2)$

X 表示每 m^3 空气中的细菌总数

N 表示培养皿暴露 10 分钟，于恒温箱内培养 48 小时后生长的菌落数

r 表示培养皿底半径（cm）

五、实验报告

写出用两种方法测算出的试验室空气中细菌含量的结果，并将两种方法进行比较讨论。

第二部分　微生物的初步鉴定

一、实验目的

(1)了解对微生物进行鉴定的原理。
(2)学习对微生物进行鉴定的一般程序。
(3)学会对微生物进行鉴定的实验设计。
(4)熟练运用各种微生物基本实验技能。

二、实验原理

微生物的鉴定是指通过详细观察和描述一个未知名称纯种微生物的各种性状特征，然后查找现有的分类系统，以达到对其知类、辨名的目的。通常可将微生物的鉴定方法分为经典鉴定方法和分子生物学鉴定方法两类，其鉴定过程主要通过三个步骤来完成：首先必须得到某微生物的纯培养物(参考本实验的第一部分)；第二是观察或测定微生物的各种重要指标；最后查找权威性微生物鉴定系统。其中，各种重要鉴定指标的获得是鉴定成功的关键。

经典鉴定指标是观察微生物形态和习性水平，主要包括了以下几个方面：①形态特征，如大小、排列、特殊构造、内含物、染色反应、运动性和各种群体特征等；②生理生化反应，如产酶种类和反应特性、代谢产物种类和产量、对药物的敏感性等；③生态特性，如温度、氧气、pH、渗透压和氧化还原电位等；④生活史情况，如有性和无性生殖情况等；⑤对噬菌体的敏感性和各种血清学反应等。分子生物学鉴定指标是测定或比较各种生物分子的组成和特征，主要包括了以下几个方面：①核酸测定，如16S或18S rRNA基因序列分析、(G＋C)mol％值的测定、核酸分子杂交、重要基因序列分析和全基因组测序等；②蛋白质测定，如氨基酸序列分析、各种凝胶电泳技术和免疫标记技术等；③各种细胞组分化学测定，如细胞壁、糖类、脂类、醌类和各种色素等化学成分的分析测定。

值得注意的是任何一种鉴定指标都不能单独对物种进行分类，应该使用多种可靠的鉴定指标，如形态、生理生化和分子生物学指标等来综合判定。

三、实验步骤

由于从自然界中分离纯化到的微生物种类繁多，其鉴定指标的选择和实验方法也千差万别，本实验重在培养对已得到的纯培养物进行鉴定的实验设计思路，了解微生物鉴定的一般程序。当鉴定指标选定后，对每一个指标的观察或测定就可设计一个具体的实验，并加以实施，其结果用于检索，就可将纯培养微生物初步鉴定到属及以下分类阶元。

1.微生物的大类鉴定

在实验中，通常可将细胞微生物分为四个大类，即细菌、放线菌、酵母菌和霉菌。不同大类微生物的细胞形态和菌落特征等各不相同，根据这些特征的不同将分离到的纯微生物大体上区分开来，见表 3-1。

表 3-1 四大类微生物不同特征的比较

项目	四大类微生物的特征			
	细菌	放线菌	酵母菌	霉菌
细胞相互关系	单个分散或有一定排列	丝状交织	单个分散或假丝状	丝状交织
细胞形态特征	小而均匀，个别有芽孢	细而均匀	大而分化	粗而分化
菌落外观形态	小而凸起或大而平坦	小而紧密	大而凸起	大而疏松或大而致密
菌落含水状态	很湿或较湿	干燥	较湿	干燥
菌落的透明度	透明或稍透明	不透明	稍透明	不透明
菌落与培养基结合度	不结合	结合牢固	不结合	结合较牢固
菌落的颜色	多样	十分多样	单调，一般呈乳白色，少数呈红或黑色	十分多样
菌落正反面颜色差别	相同	一般不同	相同	一般不同
菌落的边缘	看不到细胞	有时可见细丝状细胞	可见球状、卵圆状或假丝状细胞	可见粗丝状细胞
生长速度	一般很快	慢	较快	一般较快
气味	常有臭味	常有泥腥味	常有酒香味	常有霉味

2. 微生物鉴定的经典方法

微生物按其细胞的特征可分为原核微生物和真核微生物两大类，无论原核还是真核微生物都需要参照相关分类标准和系统来确定鉴定指标，如原核微生物常用 Bergey 氏原核生物分类系统，真核微生物常用 Ainsworth 菌物分类系统。经典的表型鉴定指标很多，它们在微生物鉴定中是最重要，也是最常用和最方便的数据，更是各种分子鉴定的基本依据。

以原核生物中埃希氏菌属的鉴定为例，说明其实验设计思路：

（主要指标为：无细胞核和细胞器）原核生物→（主要指标为：细胞壁含肽聚糖，膜脂以酯键相连）真细菌→（主要指标为：能源是化能）非光合菌→（主要指标为：不产生芽孢）无芽孢细菌→（主要指标为：形态杆状，革兰氏染色阴性）革兰氏阴性杆菌→（主要指标为：需氧情况）需氧或兼性厌氧菌→（主要指标为：能发酵多种糖类）发酵杆菌→（主要指标为：氧化酶试验阴性，具有周身鞭毛）肠杆菌科→（主要指标为：多种生理生化试验，如糖发酵、MR、VP、吲哚等试验）埃希氏菌属。

微生物的分子生物学鉴定方法比较多，其中，常用方法主要是对核酸的测定和比较，目前应用比较多的主要方法有以下几种：

①16S或18S rRNA基因(rDNA)的序列分析

这是目前最为常用的微生物分子生物学鉴定方法。16S或18S rRNA是原核或真核生物系统发育的时钟,但在实际测定中,一般不直接测定16S或18S rRNA序列,因为它们较难提取,并容易降解,故通常是对16S或18S rRNA基因(rDNA)序列分析。由于rDNA序列比较保守,在生物种间变化较小,常可用于属及以上分类阶元的鉴定。rDNA在种内表现出很高的同源性,在种间则存在不同程度的差异,其差异的多少能够反映生物间亲缘关系的远近。

其方法主要是用特定引物对16S或18S rRNA基因片段进行PCR扩增,并进行序列测定,然后将所测序列在相关数据库中进行比较,计算其遗传距离,以确定其分类地位。另外,在真核微生物鉴定会中,还可用转录间隔区(internaltranscribedspacer,ITS)鉴定法。ITS位于18S rDNA和5.8S rDNA之间(ITS1),以及5.8S rDNA和28S rDNA之间(ITS2)。ITS1和ITS2作为非编码区,受到的选择压力较小,故相对变化较大,在种间表现出较高的差异,可用作真核微生物种及种以下分类阶元的鉴定。

②DNA中(G+C)mol%含量测定

DNA中,(G+C)mol%含量可作为微生物鉴定的遗传指标之一。因为每种微生物都有稳定的(G+C)mol%范围,物种之间的亲缘关系越近,其G+C含量差别就越小。一般认为,(G+C)mol%差别大于20%为不同的属,差别在10%~15%之间为同一属的不同种,差别在5%以内则可能是种内不同菌株。需要注意的是虽然DNA碱基组成可能相同,但DNA序列上则可能有较大的差异,所以两者之间的亲缘关系并不一定相近,因此,该指标常用于排除法,即(G+C)mol%不相同的菌可以肯定不是同一个种,而(G+C)mol%相同的菌也可能不是同一个种。这时必须将大量表型性状进行比较,才能说明它们的亲缘关系。

③核酸杂交技术

变性DNA在一定条件下,可以靠碱基的配对而复性,借此进行DNA-DNA/rRNA杂交分析和核酸分子探针杂交等。可获得两者间的杂交百分率即DNA同源性,以此判断两菌株的亲缘关系。一般认为,DNA/DNA杂交百分率在80%以上为同一种,差别在65%~80%之间为同属不同种,低于20%为无亲缘系,而在20%~25%之间需利用其他方法联合分析确定。对属或属以上水平的鉴定常采用DNA/rRNA杂交法。

④限制性酶切片段长度多态性(RFLP)分析

由于DNA突变,造成限制性内切酶(RE)识别位点的改变。因此,同种不同个体的DNA用同一种RE酶切时,会产生不同长度的片段,在凝胶电泳时呈现不同的带型。理论上只要适当选择内切酶,对所有微生物都可显示分类水平上的多态性和特异性,该方法比较精确,稳定性高,影响因素也比较少,可以鉴定到种及以下阶元,常用于种以下的鉴定。

但该方法的缺点是图谱清晰度不高,酶切条带的辨认不是很好。

四、实验报告

写出将从自然界分离纯化到的某菌株初步鉴定到属的过程和结果。

五、思考题

(1)微生物的经典鉴定方法主要有哪些?

(2)微生物的分子鉴定方法主要有哪些?

(3)在微生物鉴定中,为什么需要多种方法并用?

第三部分 微生物的快速鉴定——代谢指纹鉴定技术

快速、准确、简便、微量的微生物鉴定技术不但有利于鉴定技术的普及,而且可大大提高其工作效率。各种微生物鉴定系统的出现使鉴定过程更加规范化、程序化和自动化。

常见的鉴定系统主要有:BIOLOG 系统、API 系统、Eeterotube 系统、IDS 系统、MIDI 系统和 VITEK MS 质谱平台等。各系统所根据的原理和操作方法都不相同,但一般检测的内容主要是碳源或特殊底物的利用、酶谱、蛋白质谱、细胞脂肪酸和代谢产物等。每种系统都有各自的优缺点,适用于常见微生物的检测,但由于数据库规模的限制,其适应面也各自不同。

本部分微生物的鉴定实验是依据代谢指纹鉴定技术,利用 BIOLOG 系统来进行的。

一、实验目的

(1)学习利用计算机微生物鉴定系统的基本原理和一般操作方法。

(2)了解一般不同微生物在鉴定时,菌种培养和菌悬液制备的方法。

(3)学习 BIOLOG MicroLog 软件和数据库使用方法。

二、实验原理

BIOLOG 系统是一种新的表型检测方法,它利用 Biolog Phenotype MicroArray 技术(代谢指纹鉴定技术)对微生物进行快速鉴定。它是利用微生物对糖、醇、酸、酯、胺和大分子聚合物等 95 种碳源的利用情况进行鉴定。BIOLOG 系统的微孔板有 96 个孔,即行为:1～12 孔;列为:A～H 8 孔。每个孔中都含有四氮唑类物质。其中,A1 是对照,孔内为水;其他 95 个孔分别是 95 种不同的碳源物质。待测菌利用碳源进行代谢时可将四氮唑类物质从无色还原成紫色,从而在鉴定板上形成该微生物特征性的反应模式或“指纹”，通过人工读取或者读数仪来读取颜色变化，并将该反应模式或“指纹”与数据库进行比对，即可得到鉴定结果。对于真核的酵母菌和霉菌，还需要通过读数仪读取碳源物质被同化后的变化(即浊度的变化)，以进行最终的分类鉴定。

三、实验器材

(1)菌种：革兰氏阳性细菌、革兰氏阴性细菌、酵母菌、霉菌各1株。

(2)培养基：BIOLOG专用培养基、BUG琼脂培养基、BUG+B培养基、BUG+M培养基、BUY培养基(以上培养基可由BIOLOG公司购买)，2%麦芽汁琼脂培养基。

(3)试剂：BIOLOG专用菌悬液稀释液、脱纤维羊血、麦芽糖、麦芽汁提取物、琼脂粉、蒸馏水等。

(4)主要仪器：BIOLOG微生物分类鉴定系统及数据库、浊度仪、读数仪、恒温培养箱、光学显微镜、pH计、八道移液器、试管等。

四、实验步骤

1. 使用BIOLOG推荐的培养基和培养条件进行斜面培养

细菌使用BUG+B培养基，酵母菌使用BUY培养基，丝状真菌使用2%麦芽汁琼脂培养基。选择不同微生物生长最适宜的培养温度，培养时间：细菌24 h，酵母菌72 h，丝状真菌10 d。

2. 制备特定浓度的菌悬液

一般是将对数生长期的斜面培养物转入BIOLOG专用菌悬液稀释液中，同时对于革兰氏阳性球菌和杆菌，必须在菌悬液中加入3滴巯基乙酸钠和1 mL 100 mmol/L的水杨酸钠。必须严格按照BIOLOG系统的要求，使菌悬液浓度与标准悬液浓度具有相同的浊度。

3. 微孔板接种

不同种类的微生物选用不同的微孔板(革兰氏阳性菌用GP板，革兰氏阴性菌用GN板，酵母菌用YT板，霉菌用FF板)。使用八道移液器将菌悬液接种于微孔板的96孔中，接种量分别是：细菌150 μL、酵母菌100 μL、霉菌100 μL。接种过程的时间不能超过20 min。

4. 微生物培养

按照BIOLOG系统推荐的培养条件进行培养，并根据经验确定培养时间。

5. 读取结果

按照读数仪操作说明读取培养结果。如果认为自动读取的结果与实际明显不符，可以人工调整阈值以得到认为是正确的结果。但应注意，如对霉菌阈值进行调整，有可能会导致颜色和浊度的阴阳性都发生变化。

GN、GP数据库是动态数据库,微生物总是最先利用最适碳源并产生颜色变化,颜色变化也最明显。而对不适碳源,菌体利用较慢,所以颜色变化也较慢,颜色变化也没有最适碳源明显。数据库充分考虑了细菌利用不同碳源产生的颜色变化速度不同的特点,在数据处理软件中采用统计学的方法使结果尽量准确。

酵母菌和霉菌是终点数据库,软件可以同时检测颜色和浊度的变化。

6.结果显示

软件将用96孔板得出的结果与相关数据库进行比较,按其匹配程度列出鉴定结果,并在ID框中进行显示,如果实验结果与数据库中的菌种都不能很好匹配,则在ID框中就会显示“No ID”字样。

五、实验报告

(1)报告被鉴定菌的BIOLOG鉴定过程和结果。

(2)评估鉴定结果的准确性。

六、思考题

(1)如果鉴定结果不理想,可能的原因有哪些?

(2)目前,微生物快速鉴定系统还有哪些?它们的测定原理分别是什么?

(四川师范大学　张尔亮　刘刚)

实验18　土壤中微生物总DNA的提取

一、实验目的

学习和掌握从环境中提取微生物总DNA的基本原理和技术方法。

二、实验原理

从土壤中获得微生物的传统的方法是富集、培养、分离,在此过程中造成微生物多样性的丢失,种群构成发生变化。不经过传统培养,直接从土壤提取总DNA并进行分子生物学分析来研究土壤微生物种群情况，能够更直接更可靠地反映土壤微生物的原始组成情况，是近几年发展起来的全新的实验手段。

从土壤中提取 DNA 的方法可分为两大类，即间接提取法和直接提取法。间接提取法是首先去除土壤等杂质，通过不同离心速度从土壤中分离到菌体细胞，再将回收到的细胞进行裂解，从而回收 DNA。直接裂解法是不去除土壤等杂质，而是通过物理的、化学的方法裂解土壤中的微生物细胞，使其释放 DNA，再进行提取和纯化。

三、实验器材

10% SDS 溶液（SDS 为分析纯）

PVPP（聚乙烯聚吡咯烷酮）

0.12 M 磷酸缓冲液（pH8.0）

5 mol/L 氯化钠（NaCl）溶液

50%聚乙二醇（PEG）8000

酚-氯仿-异戊醇（25∶24∶1）

氯仿-异戊醇（24∶1）

乙酸钾（KAc）溶液（5 mol/L KAc 60 mL，冰醋酸 11.5 mL，加蒸馏水补足至 100 mL）

95% 冰乙醇

TE 缓冲液（10 mM Tris-HCl 1 mM EDTA pH8.0）。所用试剂均需灭菌。

不同直径的搅拌珠（425～600 μm 可打碎真菌细胞，106 μm 可打碎细菌细胞）。

搅拌器（可以采用恒温振荡器代替）

高速冷冻离心机

微孔过滤器（0.5～1.0 μm 滤膜，65 微孔）

电热恒温水浴锅

气浴恒温振荡器

四、实验步骤

（1）称取 100 g 样品土壤，加入 10% SDS 100 mL 使其溶化，于 70 ℃ 水浴中温浴 1 h。每 10 min 振荡 10 s。

（2）加入 20 g 玻璃珠（900 mg 玻璃珠/0.5 g 土壤），振荡 10 min，物理破坏细胞。

（3）在细胞裂解液混合物中加入 20 g PVPP 以除去腐殖质。

（4）用 0.12 M 磷酸缓冲液（pH8～10）反复冲洗回收 DNA。

（5）于 DNA 悬浊液中加入 NaCl 溶液，至终浓度为 0.5 M。

（6）加入 0.5 体积 50%聚乙二醇（PGE）8000，5 ℃培育 12 h 以沉淀 DNA。

（7）4 ℃，5000×g 离心 10 min，回收 DNA。

(8)从疏松的沉淀中吸去上清。将沉淀反复用等体积饱和酚抽提,收集上清液。等体积酚∶氯仿∶异戊醇(25∶24∶1)抽提,收集上清液;等体积氯仿∶异戊醇(24∶1)抽提,收集上清液,且视蛋白质多少,反复进行。

(9)在液体中加入乙酸钾(KAc)至终浓度为 0.5 M,冰上放置 2 h。

(10)样品于 0.5～1.0 μm 滤膜(65 微孔)过滤,去除 PVPP 和沉淀下来的腐殖质。

(11)加入 2.5 体积的 95%冰乙醇,－20 ℃培育 12 h,以沉淀 DNA。

(12)弃上清,留 DNA 白色沉淀,干燥。

(13)用 TE 缓冲液溶解 DNA,备用。

(14)取 5 μL DNA 样品,用 0.8%的琼脂糖凝胶进行电泳检测。

五、实验报告

记录下琼脂糖凝胶电泳图并对相关结果进行分析。

六、思考题

(1)在进行细胞裂解时,是否还可以加入其他试剂帮助充分裂解?

(2)在抽提过程中为什么必须轻缓处理 DNA?

(西南大学　何颖)

实验 19　营养缺陷型菌株的筛选及鉴定

一、实验目的

学习营养缺陷型菌株的诱变、筛选和鉴定的方法及其基本原理。

二、实验原理

细菌经诱变剂(紫外线、亚硝酸等)处理后可能产生某营养物质合成能力缺陷的营养缺陷型,营养缺陷型不能在基本培养基上生长。在基本培养基中添加青霉素,野生型因不能生长而被杀死,营养缺陷型被保留,青霉素只能杀死生长中的细菌。将浓缩的缺陷型对应点接在基本培养基和完全培养基上,在完全培养基上生长,而在基本培养基上不生长的菌落可能为缺陷型。把可能是缺陷型的菌落如上述方法重复5～6次，最后在基本培养基上不生长，而在完全培养基上生长的菌落可确定为缺陷型。这一过程称为营养缺陷型的检出。然后分别添加营养物质于基本培养基中，接种检出的缺陷型，培养后在该种营养物质中生长即为该营养物质的缺陷型。此过程称营养缺陷型的鉴定。

三、实验器材

大肠杆菌(*E. coli*)；细菌基本培养基、LB培养基(固体和液体，完全培养基)、磷酸缓冲液(pH7.0)；氨苄青霉素、氨基酸、碱基混合物、维生素混合物；台式离心机、多用振荡器、磁力搅拌器、磷酸缓冲液(pH6.0，0.2 mol/L)、生理盐水、硫代硫酸钠溶液(0.5 mol/L)、亚硝基胍溶液(0.5 mg/ mL)、离心管、各种试管、培养皿、三角瓶、接种环、乙醇灯、无菌牙签、涂布器等。

四、实验步骤

1.细菌悬液的制备

取一环大肠杆菌斜面菌种划线接种在LB固体平板上，37 ℃培养12～16 h，挑取单菌落接入装有3 mL LB液体培养基的试管中，37 ℃，200 r/min培养12～16 h，取此培养液0.5 mL接入含有50 mL LB液体培养基的250 mL三角瓶中，37 ℃，200 r/min培养2～4 h(培养至对数期)，将培养液离心(3000 r/min，10 min)弃去上清液，菌体用磷酸缓冲液离心洗涤两次(离心条件同前)，最后用磷酸缓冲液悬浮细胞，用完全培养基平板菌落计数法计数，使细胞浓度控制在10^7～10^8个/mL。

2.诱变处理

(1)称取0.5 mg NTG于无菌离心管中，再加0.05 mL甲酰胺助溶，然后加入0.2 mol/L pH6.0磷酸缓冲液1 mL，使完全溶解，黑纸包好在30 ℃水浴中保温(临用时配制)。NTG是一种超诱变剂，需小心操作。称量药品时，戴好塑料手套和口罩，称量纸用完后立即烧毁；取样需用橡皮头的移液管，绝不能直接用嘴吸，接触沾染有NTG的称液管、离心管、锥形瓶等玻璃器皿，需浸泡于0.5 mol/L硫代硫酸钠溶液中，置通风处过夜，然后再用水充分冲洗；溶液外溢时，用沾浸硫代硫酸钠溶液抹布擦洗；诱变处理后含NTG的磷酸缓冲液及稀释液，立即倒入浓NaOH溶液中，若手接触NTG，应立即用水冲洗。NTG在可见光下会放出NO，使溶液颜色由土黄色变为黄绿色，故应放在棕色瓶中保存。

(2)取4 mL细胞悬浮液(5×10^8个/mL左右)加入上述离心管中，充分混匀，立即置30 ℃水浴振荡处理30 min(NTG处理终浓度为100 μg/mL)后，离心收集菌体，将含NTG的上清液倒入浓NaOH溶液中弃去，用无菌水洗涤菌体3次，以大量稀释法终止NTG的诱变作用。最后向离心管中加5 mL无菌生理盐水，摇匀后从中取出0.5 mL

NTG 处理后的菌悬液，用 4.5 mL 生理盐水稀释至 10^{-3} 稀释度。用倾注分离法在完全培养基平板上进行存活菌计数，每个稀释度做三个平皿，计算杀菌率。

(3) 中间培养：将 1 mL 诱变处理洗涤过的菌液加入装有 20 mL 完全培养基的 250 mL 锥形瓶中，30 ℃振荡培养过夜(时间不宜太长，否则同一种突变株增殖过多)。

3. 营养缺陷型的浓缩

将上述诱变处理过的细菌接入含有 50 mL LB 培养基的 250 mL 三角瓶中，37 ℃，200 r/min 培养 2～4 h，离心收集细胞，并用基本培养基洗涤两次，用 4 mL 基本培养基悬浮细胞，取 2 mL 细胞悬液接入 50 mL 含有氨苄青霉素(终浓度 20～60 μg/mL)的基本培养基中，37 ℃ 200 r/min 培养 3～4 h，离心，取沉淀。用磷酸缓冲液洗涤两次后用磷酸缓冲液制成细胞悬液，并用磷酸缓冲液适当稀释，取 100～200 μL，磷酸稀释液涂 LB 固体平板，37 ℃培养 12～16 h。

4. 营养缺陷型的检出

LB 平板上每个菌落用无菌牙签分别点种在基本培养基和 LB 固体培养基的相应位置，37 ℃培养 12～16 h。将在 LB 培养基上生长，在基本培养基上不生长的菌落继续接种在基本培养基和 LB 固体培养基的对应位置，如此传代 5～6 次，最后在 LB 上生长，在基本培养基相应位置不生长的菌落即可确定为营养缺陷型菌株。

5. 营养缺陷型的鉴定

把检出的营养缺陷型用磷酸缓冲液悬浮制成菌悬液(10^6～10^8 个/mL)，取 100～200 μL 涂布在固体基本培养基表面，待表面干燥后在标定位置上放置少量氨基酸、碱基或维生素的结晶(或滤纸片)，37 ℃培养 12～16 h。营养缺陷型在所需的化合物周围出现混浊的生长圈，见图 3-2。

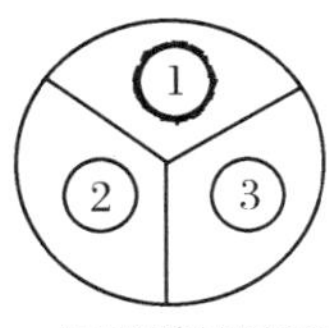

A 氨基酸缺陷型

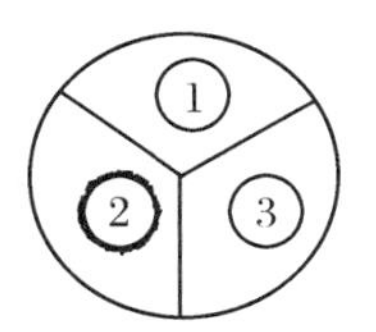

B 核酸碱基缺陷型

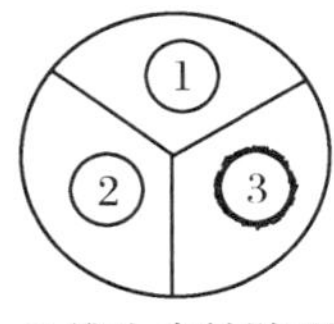

C 维生素缺陷型

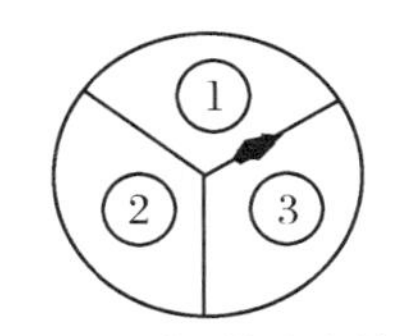

D 氨基酸-维生素缺陷型

图 3-2 营养缺陷型生长谱测定

1. 氨基酸混合液 2. 核酸碱基混合液 3. 维生素混合液

现一般把几种化合物编为一组，按表 3-2 测定。可在一个培养皿上测定出一个营养缺陷型菌株对 21 种化合物的需要情况。若在放有 C 组化合物的周围出现生长圈，则这一缺陷型需要化合物 3；如在 C 组和 D 组的位置周围都生长，则这一种缺陷型所需要的化合物是 16；若在 C 组和 D 组之间生长，说明这一缺陷型同时需要 C、D 这两组化合物中的各一种。具体是哪两种，尚需进一步鉴定。

表 3-2 营养缺陷型检测分组表

组别	化合物代号					
A	1	7	8	9	10	11
B	2	7	12	13	14	15
C	3	8	12	16	17	18
D	4	9	13	16	19	20
E	5	10	14	17	19	21
F	6	11	15	18	20	21

五、注意事项

(1)紫外诱变后要避光操作、培养。

(2)操作的各个环节要确保无菌。

六、实验报告

(1)绘制营养缺陷型挑选的流程简图。

(2)计算 NTG 的杀菌率。

七、思考题

(1)营养缺陷型检出时应注意哪些问题?

(2)营养缺陷型浓缩的机理是什么?

(3)用点种法检出营养缺陷型时,为什么要先点基本培养基后点完全培养基?

(内江师范学院 黎勇)

实验 20 细菌原生质体的融合

一、实验目的

(1)掌握细菌原生质体的制备、融合、再生的操作方法。

(2)了解原生质体融合技术的基本原理及其在育种上的应用。

二、实验原理

原核微生物可通过转化、转导、接合等途径进行基因重组，但有些微生物不适于采用这些途径，使育种工作受到很大限制。1978 年第三届国际工业微生物遗传学讨论会上，提出的微生物细胞原生质体融合(protoplast fusion)这一新的基因重组手段，为育种工作提供了新的途径。

原生质体融合具有以下优点：①重组频率高，重组类型多；②能够克服种属间杂交的"不育性"，可进行远缘杂交；③两个以上亲本菌株可同时参与融合，形成多种性状的融合子；④可将由其他育种方法获得的优良性状，经原生质体融合而组合到一个菌株中。所以原生质体融合技术已经在国内外微生物育种工作中得到广泛应用。

原生质体融合就是将两个带有遗传标记的微生物细胞 A 和 B 置于高浓度葡萄糖等高渗溶液中，利用溶菌酶脱去细胞壁，形成两个原生质体 A 和 B。目前，原生质体融合的方法主要有化学融合法、电融合法、激光诱导融合法。本实验采用最常用的化学融合法 PEG(polyethyleneglycol，聚乙二醇)助融法。PEG 可改变细胞的膜结构，在 PEG 的作用下，两个原生质体接触处的膜蛋白凝聚在一起而形成无蛋白的磷脂双分子层，从而使两个原生质体膜融合在一起。另外，带正电的钙离子在碱性条件下与细胞膜表面分子相互作用也可使原生质体融合率增加。由于融合的原生质体在适当培养条件下，细胞壁可再生形成一个新的细胞，因此，这个新细胞可能具有 A、B 原生质体原有的特性或更加优良的新特性。

三、实验器材

枯草芽孢杆菌营养缺陷型突变株 A[*B. subtilis*(*ade*$^-$ *his*$^-$)]和 B[*B. subtilis* (*ade*$^-$ *pro*$^-$)]；细菌基本培养基(MM)、细菌完全培养基(CM)、完全再生培养基(CMR)、再生补充培养基(SMR)；高渗溶液(SMM)、PEG 溶液、$CaCl_2$ 溶液、溶菌酶溶液(培养基、试剂见附录)；无菌操作台、台式离心机、离心管、试管、培养皿、三角瓶、接种环、酒精灯、微量移液器、无菌牙签、涂布器、水浴锅、摇床、显微镜、分光光度计、培养箱等。

四、实验步骤

1. 菌体培养

(1)菌体培养：用无菌接种环分别在活化的两个亲本菌种 A 和 B 的斜面培养基上取一环菌苔，接种于 2 mL 液体完全培养基 CM 中，36 ℃振荡培养 14 h。再分别从 2 mL 培养物中吸取 1 mL 菌液转接入两个装有 20 mL 液体 CM 培养基的 250 mL 锥形瓶中，36 ℃振荡培养 6 h 至菌株生长对数期。

(2)收集菌体：各取 10 mL 菌液，经 3000 r/min 离心 10 min，弃上清液。再用无菌水分别洗涤两个亲本菌体细胞，洗涤两次。

(3)活菌计数：将洗涤后的两亲本菌体细胞分别悬浮于 10 mL 高渗溶液 SMM 中，各取菌液 1 mL 用无菌水进行梯度稀释，再分别取 1 mL 的 10^{-5}、10^{-6}、10^{-7} 稀释菌液于 CM 培养基中(每种稀释度做两个平板)，用无菌涂布棒涂平后，放入 36 ℃培养箱中倒置培养 24 h，然后计数。此为未经酶处理的总菌数 M。

2.原生质体制备

(1)酶处理：两株亲本菌株各取 5 mL 菌悬液，加入 5 mL 溶菌酶溶液，溶菌酶浓度为 100 μg/mL，混匀后于 36 ℃水浴保温处理 30～60 min，从 30 min 开始，每隔 10 min 从溶菌酶中取出 5～10 μL 处理后的菌液，在油镜下检查原生质体的生成情况。当 95% 以上细胞变成球状原生质体时，停止酶处理。将上述菌液经 4000 r/min 离心 10 min，弃上清，收集的沉淀用高渗缓冲液 SMM 洗涤(目的是去除溶菌酶)，再悬浮于 5 mL SMM 溶液中，即为制备好的原生质体。

(2)计算原生质体形成率：取 1 mL 制备好的原生质体，用无菌水作适当稀释，涂布于 CM 培养基平板上，36 ℃培养箱中倒置培养 24 h 后计数，此为酶处理后剩余细胞数 N。

计算原生质体形成率：

$$原生质体形成率=(M-N)/M\times100\%$$

式中：M—未经酶处理的总菌数；N—经酶处理后剩余的菌数。

(3)计算原生质体再生率：另取 1 mL 原生质体，用 SMM 溶液适当稀释后，涂布于完全再生培养基 CMR 平板上，36 ℃培养箱中倒置培养 24 h，然后计数，此为酶处理后在 CMR 平板上生长的菌落数 R。并计算原生质体再生率：

$$原生质体再生率=(R-N)/(M-N)\times100\%$$

式中：R—酶处理后在 CMR 平板上生长的菌落数；

M—未经酶处理的总菌数；

N—经酶处理后剩余的菌数。

3.原生质体融合

(1)首先利用 SMM 溶液调节两亲本的原生质体浓度，使原生质体浓度为 10^{10} 个/mL 左右。

另各取两株亲本菌株原生质体 0.5 mL，于 2 支无菌 1.5 mL EP 管中，作为不融合的空白对照组，其操作与实验组同步进行。再将剩余的两株亲本原生质体等量混合，并于室温下放置 5 min 后离心，条件为 2500 r/min，10 min。弃上清，收集原生质体沉淀。

(2)PEG-Ca^{2+} 处理：先将 40%的 PEG 溶液与 1 mol/L $CaCl_2$ 溶液按照 9∶1 体积比混合，制成 PEG-Ca^{2+} 混合液。再用 SMM 溶液充分悬浮原生质体沉淀，再加入 9 倍体积的 PEG-Ca^{2+}。混合液混合均匀后，于 36 ℃保温 30 min，再经 2500 r/min 离心 10 min，弃上清，收集原生质体沉淀。

(3)检出融合子:将(2)步骤收集到的原生质体用 SMM 溶液悬浮,取 1 mL 悬浮液,用 SMM 溶液作适当稀释,再取 0.1 mL 稀释溶液与灭菌并冷却至 50 ℃的 SMR 培养基琼脂混合均匀,再迅速倾入底层为 SMR 培养基的平板上,32 ℃培养箱中培养 48 h,检出融合子。

4.融合子鉴定

凡是在 SMR 培养基平板上长出的菌落,初步认为是融合子。

由于原生质体融合后会出现两种情况:一种是真正的融合,即产生杂核二倍体或单倍重组体,另一种只发生质配,而无核配,形成异核体。两者都能在 SMR 培养基平板上形成菌落,但前者稳定,而后者则不稳定,故在传代中将会分离为亲本类型。所以要获得真正融合子,必须进行几代的分离、纯化和选择。

以再生率较低的亲本为准,计算原生质体融合率。

原生质体融合率=融合子数/亲本原生质体再生数×100%

五、注意事项

(1)原生质体因缺乏细胞壁的保护而对环境的渗透压十分敏感,所以制备好的原生质体应保存在高渗溶液中。

(2)PEG 的助融效果与使用浓度、操作条件及其分子聚合度有关,因此要根据菌种的不同,采用合适分子量及其浓度的 PEG。

(3)为了提高原生质体再生率,通常在再生培养基中加入一些营养物质,如小牛血清、牛血清白蛋白等。

(4)添加的溶菌酶浓度应该控制在 100~200 μg/mL,若浓度太低会降低原生质体形成效率,而浓度太高会降低原生质体的再生率。

六、实验报告

1.实验记录(表 3-3)

表 3-3 原生质体融合实验结果

菌 株	平板活菌计数结果,cfu/板		
	溶菌酶处理前	溶菌酶处理后	融合子双抗平板
B. subtilis(ade^- his^-)			
B. subtilis(ade^- pro^-)			

2.实验结果

(1)绘出细菌原生质体融合的技术路线及过程。

(2)在显微镜下观察并绘制亲本菌株及原生质体的形态图。

(3)计算原生质体的形成率、再生率及融合率。

七、思考题

(1)如何获得真正的融合子？

(2)实验中如何提高原生质体的活性及再生率？

(3)总结细菌原生质体融合的关键环节及各种因素。

(成都医学院　王丹)

实验 21　香菇子实体多糖的提取

多糖是由糖苷键连接起来的醛糖或酮糖组成的一类天然大分子化合物。真菌多糖是从真菌子实体、菌丝体或其发酵液中分离出的代谢产物，是一类由 10 个以上的单糖以糖苷键连接而成的天然高分子多聚物。真菌多糖能够控制细胞分裂分化，调节生长衰老，具有很强的抗肿瘤、抗病毒、抗炎、抗突变、抗凝血、抗衰老、抗溃疡、抗辐照、健胃护肝、降血脂、降血糖、抗血栓、提高免疫力等多种生物活性，目前市场上投放的真菌多糖类保健品已有上百种之多。

多糖的提取方法很多且各有优缺点，目前常用的提取方法有热水浸提法、酸碱浸提法、超声波辅助浸提法和酶法、超临界 CO_2 辅助提取法等。

一、实验目的

(1)通过最传统的热水浸提法了解真菌多糖的提取过程。

(2)了解多糖的纯化分析方法。

二、实验原理

生物活性多糖易溶于热水，通过热水浸提，可以把多糖从子实体中转移到水相中，溶于水中的多糖不溶于有机溶剂。当多糖转移到水相后，通过真空浓缩去水分，然后加入一定比例的乙醇溶液，或直接加入一定比例的乙醇溶液，可以把多糖从水相中沉淀出来，通过离心或过滤，可以得到粗多糖。粗多糖中含有一定量的蛋白质、脂肪类成分，为获得纯净的多糖，通过去蛋白、脂肪处理，能得到纯多糖。得到的多糖可以用化学分析法测定含量，用分光光度法测定纯度。

三、实验器材

(1)供试材料：市售风干无霉变香菇子实体或新鲜子实体。

(2)化学试剂：95%乙醇、氯仿、正丁醇、苯酚、硫酸法、葡萄糖、考马斯亮蓝 G-250、乙醚或石油醚、牛血清白蛋白、磷酸。

(3)玻璃器皿：索氏提取器、脱脂棉、滤纸、干燥器、烧杯。

(4)设备：粉碎机(粉碎香菇子实体)、电子天平(计量用)、磁力搅拌器(浸提时搅拌及有机溶剂加入时的搅拌)、水银温度计(浸提时测量温度)、离心机(沉淀离心)、旋转蒸发器(真空浓缩)、紫外可见分光光度计(测纯度)、可见光分光光度计(测含量)、真空干燥箱、循环水式多用真空泵(无离心机时用)、抽滤装置(无离心机时用)、水浴锅(无旋转蒸发器时蒸发水分用和显色用)。

四、实验步骤

1. 香菇多糖的提取

香菇多糖的提取流程：烘干→粉碎→热水浸提→收集浸提液→浓缩→有机溶剂沉淀→收集多糖→干燥→收集粗多糖→纯化。

烘干：将市售风干无霉变香菇子实体或新鲜子实体于 60 ℃烘干至恒重。

粉碎：用粉碎机将 60 ℃烘干至恒重的子实体粉碎成粒度为 0.5～1 mm 的颗粒状。

热水浸提：称取约 10 g 香菇干粉，按 1∶10(W/V)比例加入蒸馏水。60 ℃热水浴浸提 60 min，边浸提边用玻璃棒搅拌或用磁力搅拌器低速搅拌。

收集浸提液：将香菇水浸提混合物用滤纸自然过滤收集滤液，或在 6000 r/min 转速下离心 10 min，去掉残渣，收集上清液。

浓缩：将收集到的上清液或滤液，用旋转蒸发仪减压浓缩至约 30 mL，或在沸水浴上用蒸发皿蒸发浓缩至约 30 mL。

有机溶剂沉淀：将浓缩物倾倒于洁净的 200 mL 玻璃烧杯内，并置于磁力搅拌装置中，低速开动磁力搅拌器，用 4 倍体积于浓缩物的 95%乙醇，缓慢加入沉淀中。加完乙醇后，再搅拌 5 min，然后室温静置 20 min。

收集多糖：将沉淀物倾倒入离心管，在 7000 r/min 转速下离心 15 min，或用滤纸自然过滤收集沉淀物。

干燥：将沉淀物在真空干燥箱内低温干燥，或 50 ℃烘干至恒重。

收集粗多糖：将干燥的粗多糖取出并立即称重，置于干燥器中保存，同时计算粗多糖得率。

粗多糖得率=(粗多糖重量/香菇粉末重量)×100%

纯化:称取一定数量的粗多糖,用少量的水溶解成糊状,加入1.5倍体积于粗多糖重量(W/V)的蛋白质沉淀剂(氯仿5:正丁醇1),用磁力搅拌器剧烈搅拌20 min左右,在7000 r/min转速下离心15 min,去除蛋白质收集上清液,重复2次。将收集到的上清液,置于磁力搅拌器中,低速搅拌,缓慢加入95%乙醇,直至大量絮状沉淀产生,再搅拌沉淀5 min,静置20 min,在7000 r/min转速下离心15 min或滤纸自然过滤,收集沉淀物。真空干燥或50 ℃烘干至恒重,从而得到较纯的香菇多糖。若要得到纯度更高的香菇多糖,需要进一步精制。

2. 多糖纯度分析

(1)化学分析

①多糖含量测定(苯酚—硫酸法)

标准曲线的绘制:准确称取100 mg葡萄糖,溶解,定容于100 mL容量瓶中,得含1 mg/mL葡萄糖的对照品储备溶液,备用。精确移取对照品储备液0.00 mL、0.50 mL、1.00 mL、1.50 mL、2.00 mL、2.50 mL、3.00 mL、3.50 mL,分别置于100 mL容量瓶中,蒸馏水稀释至刻度,制成不同浓度的标准溶液。然后从各瓶中分别移取2.0 mL标准液置于25 mL具塞比色管中,加入6%苯酚溶液1.0 mL,摇匀后快速加入浓硫酸5.0 mL,于40 ℃水浴中显色40 min,冷却至室温后,以第1瓶溶液为参比溶液,用分光光度仪在490 nm波长处测定吸光度。以浓度对吸光度作图,绘制标准曲线,并计算回归方程。

多糖含量的测定:准确称取粗多糖0.1 g,用蒸馏水稀释,定容于100 mL容量瓶中作为供试液,样品供试液用苯酚—硫酸法的显色方法测定吸光度,平行测定3次,根据线性回归方程计算样品中多糖的含量。

纯多糖提取率=(纯化多糖重量/香菇粉末重量)×100%

②蛋白质含量测定(考马斯亮蓝G-250染色法)

A. 实验原理

考马斯亮蓝G-250染料,在酸性溶液中与蛋白质结合,使染料的最大吸收峰的位置(λ_{max})由465 nm变为595 nm,溶液的颜色由棕黑色变为蓝色。经研究认为,染料主要是与蛋白质中的碱性氨基酸(特别是色氨酸、精氨酸)和芳香族氨基酸残基相结合。在595 nm下测得的吸光度A 595 nm,与蛋白质浓度成正比。

B. 分析

首先配制100 μg/mL的标准牛血清白蛋白溶液(10 mg牛血清白蛋白用蒸馏水定容至100 mL)和0.01%考马斯亮蓝G-250溶液(100 mg考马斯亮蓝G-250溶于50 mL 95%的乙醇后,再加入120 mL 85%的磷酸,用蒸馏水定容至1000 mL),其次,按表3-4绘制标准曲线。

表 3-4 配制标准牛血清白蛋白溶液绘制标准曲线

项 目	试管编号					
	1	2	3	4	5	6
1.0 mg/mL 标准蛋白质(mL)	0.00	0.20	0.40	0.60	0.80	1.00
0.9% NaCl 溶液(mL)	1.00	0.80	0.60	0.40	0.20	0.00
考马斯亮蓝 G-250 染料(mL)	5.00	5.00	5.00	5.00	5.00	5.00

摇匀,2～5 min 后比色(595 nm),1 管为空白对照管。作吸光度一蛋白浓度曲线。

准确称取香菇多糖样品 0.1000 g,用 1.2 mL 蒸馏水溶解后,准确吸取 1 mL 置干净试管中,加入考马斯亮蓝 G-250 染料 5 mL 并摇匀,2～5 min 后比色(595 nm)。对照标准曲线查出对应蛋白浓度。

香菇多糖中蛋白质的含量=查得的蛋白质量/香菇多糖质量

③粗脂肪含量测定(索氏抽提法)

A. 原理

试样用无水乙醚或石油醚等溶剂抽提后,蒸去溶剂所得的物质,称为粗脂肪,因为除脂肪外,还含色素及挥发油、蜡、树脂等物。抽提法所测得的脂肪为游离脂肪。

B. 分析

准确称取香菇多糖 0.5～1.0 g,移入恒重的滤纸内,用细线包扎。将滤纸放入脂肪抽提器的抽提筒内,连接已干燥至恒量的接收瓶,由抽提器冷凝管上端加入无水乙醚或石油醚,至瓶内容积的 2/3 处,于水浴上加热,使乙醚或石油醚不断回流提取(6～8 次/h),一般抽提 6～12 h。抽提结束后,取下滤纸,于(100±5) ℃干燥 2 h,放干燥器内冷却 0.5 h 后称量。重复以上操作直至恒量。

按下式计算香菇多糖的脂肪含量:

$$X=(W-W_1)\times 100/W$$

式中:X—香菇多糖中粗脂肪的含量,单位为克每百克(g/100 g);

W—抽提前香菇多糖的质量,单位为克(g);

W_1— 抽提后香菇多糖的质量,单位为克(g)。

(2)仪器分析

①紫外扫描

分别配制 1 mg/mL 的去蛋白纯多糖溶液,使用紫外可见分光光度计在 200～350 nm 波长范围内进行扫描。

②红外光谱

分别称取 2 mg 去蛋白纯多糖样品,将 200 mg KBr 研匀后压片,于 400～4000 nm 的红外区进行光谱扫描。

五、实验报告

(1)粗多糖的提取比例是多少？纯化后获得的纯多糖是多少？

(2)化学分析法测试多糖纯度是多少？

(3)展示并分析香菇多糖的紫外吸收图谱，说明其纯度，有无杂蛋白？

(4)展示并分析香菇多糖的红外光谱吸收图谱，该多糖有多少个特征吸收峰？分别在什么范围？可能含有什么基团？

六、思考题

(1)粉碎细度与多糖提取率有关系吗？

(2)热提时间、温度、用水比对提取多糖有关系吗？

(3)乙醇沉淀的方式与加入乙醇的比例对多糖的提取率和纯度有关系吗？

(4)化学分析法与紫外光谱法分析多糖的纯度，结果有无误差？如果有，如何分析？

(西华师范大学　李林辉)

实验 22　细菌 16S rRNA 基因的扩增与克隆

一、实验目的

(1)了解 16S rRNA 序列分析在系统细菌学中的重要意义。

(2)掌握 16S rRNA 基因的扩增与克隆方法。

二、实验原理

随着分子生物学的迅速发展，细菌的分类鉴定从传统的表型、生理生化分类进入各种基因型分类水平，如(G+C)mol%、DNA 杂交、rDNA 指纹图、质粒图谱和 16S rDNA 序列分析等。

细菌中包括有三种核糖体 RNA，分别为 5S rRNA、16S rRNA、23S rRNA，rRNA 基因由保守区和可变区组成。16S rRNA 对应于基因组 DNA 上的一段基因序列称为 16S rDNA。5S rRNA 虽易分析，但核苷酸太少，没有足够的遗传信息用于分类研究；23S rRNA含有的核苷酸数几乎是16S rRNA的两倍，分析较困难。而16S rRNA相对分子量适中，又具有保守性和存在的普遍性等特点，序列变化与进化距离相适应，序列分析的重现性极高，因此，现在普遍采用16S rRNA作为序列分析对象对微生物进行测序分析。

在细菌的16S rDNA中有多个区段保守性，根据这些保守区可以设计出细菌通用引物，可以扩增出所有细菌的16S rDNA片段，并且这些引物仅对细菌是特异性的，也就是说这些引物不会与非细菌的DNA互补，而细菌的16S rDNA可变区的差异可以用来区分不同的菌。因此，16S rDNA可以作为细菌群落结构分析最常用的系统进化标记分子。随着核酸测序技术的发展，越来越多的微生物的16S rDNA序列被测定并收入国际基因数据库中，这样用16S rDNA作目的序列进行微生物群落结构分析更为快捷方便。

本实验包括细菌基因组DNA提取、16S rRNA保守片段PCR扩增、扩增片段的T克隆、阳性克隆鉴定、DNA测序、序列比对等步骤。

三、实验器材

(1)菌种和质粒：大肠杆菌DH5a(*E. coli* DH5a)、pGEM-T载体。

(2)培养基：LB液体培养基、含氨苄青霉素、IPTG和X-Gal的LB固体培养基。

(3)试剂和溶液：琼脂糖、dNTP、Taq DNA聚合酶、T4 DNA连接酶、XGal溶液、IPTG溶液、限制性内切酶SPhl和PStl、上样缓冲液、胶回收试剂盒、质粒提取试剂盒等。

(4)引物

16S (F)　5′—AGAGTTTGATCCTGGCTCAG—3′

16S (R)　5′—GGTTACCTTGTTACGACTT—3′

(5)仪器或其他用具：PCR仪、电泳仪、电泳槽、紫外检测仪、恒温培养箱等。

四、实验步骤

1. 细菌基因组DNA提取

(1)挑单菌落接种到10 mL LB培养基中，37 ℃振荡过夜培养。

(2)取2 mL培养液到2 mL Eppendorf管中，8000 r/min离心2 min后倒掉上清液。

(3)加入140 μL TE打散细菌，再加入60 μL 10 mg/mL的溶菌酶，37 ℃放置10 min。

(4)加入400 μL Digestion Buffer，混匀。再加入3 μL Protein K，混匀，55 ℃温育5 min。

(5)加入260 μL乙醇，混匀，全部转入UNIQ-10柱中。10000 r/min离心1 min，倒去收集管内的液体。

(6)加入500 μL 70%乙醇(Wash Solution)，10000 r/min离心0.5 min。

(7)重复第六步。

(8)再10000 r/min离心2 min，彻底甩干乙醇。吸附柱转移到一个新的1.5 mL的离心管。

(9)加入 50 μL 预热(60 ℃)的洗脱缓冲液,室温放置 3 min。12000 r/min 离心 2 min,流下的液体即为基因组 DNA。

(10)电泳:取 3 μL 溶液电泳检测质量。

2.16S rRNA 基因片段的 PCR 扩增

(1)PCR 扩增体系

在 0.2 mL Eppendorf 管中加入 1 μL DNA,再加入以下反应混合液:

16S (F)	1 μL (10 μM)
16S (R)	1 μL (10 μM)
10×PCR Buffer	5 μL
dNTP	4 μL
Taq 酶	0.5 μL

加 ddH_2O 使反应体系调至 50 μL,瞬时离心混匀。

(2)PCR 反应

将 Eppendorf 管放入 PCR 仪,盖好盖子,调好扩增条件。扩增条件为:

94 ℃		3 min
94 ℃	30 s	35cycles
50 ℃	45 s	
72 ℃	100 s	
72 ℃		7 min

(3)PCR 产物的电泳检测

拿出 Eppendorf 管,从中取出 5 μL 反应产物,加入 1 μL 上样缓冲液,混匀。点入预先制备好的 1%的琼脂糖凝胶中,电泳 1 h。在紫外灯下检测扩增结果。

3.16S rRNA 基因 PCR 扩增片段的回收

根据上步实验结果,如果扩增产物为唯一条带,可直接回收产物。否则从琼脂糖凝胶中切割核酸条带,并回收目的片段。

(1)称量一个 2 mL Eppendorf 管的质量,记录。

(2)在紫外光下切割含目的条带的凝胶,放入 2 mL Eppendorf 管,称量。计算凝胶质量。

(3)每 100 mg 凝胶加入 100 μL Binding Buffer,混匀。60 ℃温育至凝胶融化。

(4)全部转入 UNIQ-10 柱中。10000 r/min 离心 1 min,倒去收集管内的液体。

(5)加入 500 μL Binding Buffer,10000 r/min 离心 1 min,倒去收集管内的液体。

(6)加入 70%乙醇(Wash Solution),10000 r/min 离心 0.5 min。

(7)再 10000 r/min 离心 2 min 彻底甩干乙醇。吸附柱转移到一个新的 1.5 mL 的离心管。

(8)加入 30 μL 预热的洗脱缓冲液,室温放置 3 min。12000 r/min 离心 2 min,流下的液体即为回收的 DNA 片段。

4.16S rRNA 基因 PCR 片段的 T 克隆

(1)PCR 片段和 PGEM-T 载体连接

在 0.2 mL Eppendorf 离心管中依次加入下列溶液,16 ℃连接过夜。

2×Buffer	2 μL
T4 ligase	1 μL
PCR 产物	50 ng
pGEM-T 载体	100 ng
加无菌超纯水至	10 μL

(2)转化

将上述连接产物在冰上放置 5 min,然后全部加入装有 200 μL DH5a 感受态细胞的无菌微量离心管中,用预冷的无菌微量移液器的吸头轻轻混匀,置于冰浴中 20 min;于 42 ℃热休克 90 s(不要摇动),迅速转移至冰浴中,继续冰浴 2～3 min;加入 LB 液体培养基 500 μL,于 37 ℃、200 r/min 缓摇孵育 1 h;将培养物适量涂于 1.5%琼脂 LB 平板(根据质粒性质添加抗生素 Amp、X-Gal、IPTG),待胶表面没有液体流动时,37 ℃温箱倒置培养 12～16 h。

(3)转化菌落的筛选和鉴定

①挑取 6 个阳性克隆(白色单个菌落),分别接种到 15 mL 含 AMP(100 μg/ mL)的 LB 液体培养基,37 ℃振荡培养过夜;

②通过碱法分别提取上述 6 个转化子的质粒,具体方法参见试剂盒说明书;

③使用限制性内切酶 SPhl 和 PStl 分别酶切上述 6 个转化子的质粒。在 6 个 0.5 mL 的无菌微量离心管中依次加入下列溶液,37 ℃酶切 2～3 h。

各转化子质粒	6 μL
10×Buffer H	1.5 μL
SPhl(10 μg/μL)	0.5 μL
PStl(10 μg/μL)	0.5 μL
加无菌超纯水至	15 μL

④在上述各离心管中加入 10×上样缓冲液 1.5 μL,混合均匀后,取 5 μL 进行电泳鉴定。如果转化子为正确的重组子,其质粒 SPhl 和 PStl 的酶切会将 16S rRNA 基因片段从载体中切下,因此可观察到 1.5 kd 左右的酶切产物。

5.16S rRNA 基因片段序列的测定

将回收的片段送至生物公司测序,测序引物为 16S PCR 引物。

五、实验报告

(1)根据测序结果,到 NCBI 上进行比对,确定该未知菌的种属。

(2)根据比对结果进行进化树的绘制。写明所用软件及大致的分析方法。

(3)简述通过 PCR 扩增 16S rRNA 基因保守片段和利用 pGEM-T 载体克隆 16S rRNA 基因保守片段的实验原理及过程。

六、思考题

(1)在实际生活中,PCR 技术可以应用于哪些方面?

(2)与传统的分类方法相比较,利用 16S rRNA 保守区基因片段的序列进行原核生物的系统生物学研究有何优点?

(绵阳师范学院　陈希文)

实验 23　外源基因在大肠杆菌中的表达及其检测

一、实验目的

学习 IPTG 诱导外源基因在大肠杆菌中表达的基本原理和方法,掌握外源基因在大肠杆菌中表达的检测分析方法。

二、实验原理

质粒载体 pET-28a(+)是大肠杆菌常用的表达载体。载体上带有 T7 噬菌体的启动子和终止子,以及编码 lac 阻遏蛋白(lacI)的基因序列。λ 噬菌体 DE3 溶源化的大肠杆菌菌株 BL21(DE3)为表达菌株,其染色体上含有 lacUV5 启动子驱动下的 T7 RNA 聚合酶基因。lac 阻遏蛋白可以作用于宿主染色体 lacUV5 启动子,抑制宿主聚合酶转录 T7RNA 聚合酶,以阻断任何 T7 RNA 聚合酶导致的目的基因转录,见图 3-3。

IPTG(异丙基硫代-β-D 半乳糖苷)为乳糖的结构类似物,可以与 lac 阻遏蛋白结合,使之失去与位于宿主细胞 DNA 上的 lacUV5 启动子紧密结合的能力,解除了阻遏蛋白的作用,保证 T7 RNA 聚合酶基因转录的进行,从而合成 T7 RNA 聚合酶,使表达载体上 T7 启动子启动插入基因，大量转录并高效表达，从而外源基因产物在大肠杆菌细胞中得以产生。

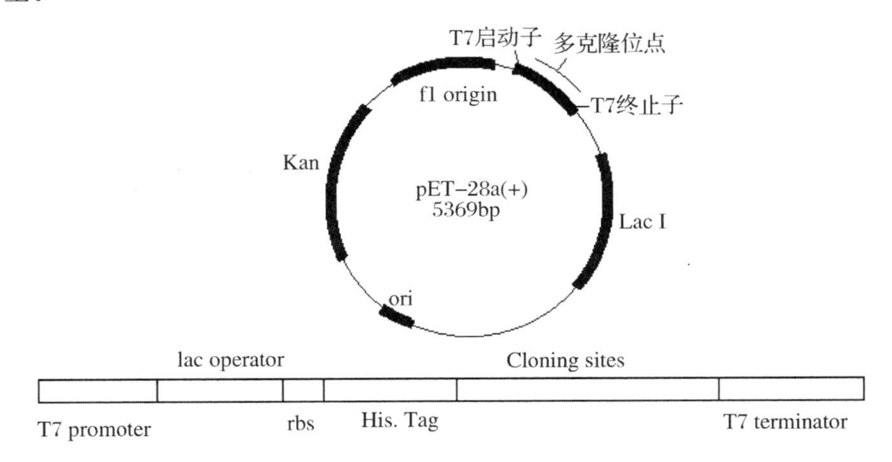

图 3-3 表达质粒图谱和表达区域示意图

SDS 是一种阴离子去污剂，通过断裂蛋白质分子内和分子间的氢键和疏水键，使蛋白质变性，变性的蛋白质与 SDS 结合形成带负电荷的蛋白质-SDS 结合物，所带电荷大大超过蛋白质分子原有的电荷量，消除了不同蛋白质分子间的电荷差异，因而，在 SDS-PAGE 电泳时，蛋白质在聚丙烯酰胺中的迁移率仅仅取决于蛋白质的分子量。聚丙烯酰胺凝胶电泳由丙烯酰胺单体和交联剂 N,N′-亚甲基双丙烯酰胺在催化剂作用下，形成三维网状结构，能够分辨不同分子量的蛋白质。

三、实验器材

(1)菌种和质粒　携带表达载体 pET-28a 的大肠杆菌菌株 BL21，即为含空载体的菌株；携带重组质粒(插入外源基因的表达质粒)的表达载体的大肠杆菌菌株 BL21。

(2)培养基和试剂　LB 培养基、卡那霉素(100 mg/L)、IPTG、上样缓冲液、蛋白质标准对照物、30%(*W*/*V*)凝胶贮存液、10%过硫酸铵(新鲜配制)、TEMED(四甲基乙二胺)、Tris-甘氨酸电泳缓冲液(pH8.3，可配成 5×贮存液备用)、0.05%考马斯亮蓝(R250)染色液。

(3)实验仪器　高压灭菌锅、恒温培养箱、恒温振荡培养器、离心机、微量移液枪、离心管、吸头、接种环、培养皿、三角瓶、电泳仪、垂直电泳槽、脱色摇床。

四、实验步骤

1.外源基因的诱导表达

(1)用接种环从活化的平板上挑取一环含有重组质粒(含外源基因的表达质粒)的 BL21 菌株单菌落，接种于 2 mL LB 液体培养液中(含 30 mg/L 卡那霉素)，37 ℃培养过夜(16～24 h)。同时挑取含表达质粒空载体的 BL21 菌株单菌落,作为实验对照。

(2)取 100 μL 培养物加入 5 mL LB 液体培养液中(含 30 mg/L 卡那霉素),37 ℃培养 2～3 h,细菌增长至对数期,A600 约为 0.4～0.6。分别吸取 1 mL 培养液于干净离心管中,作为非诱导表达的对照,置于 0 ℃保存待用。

(3)在余下的培养液中加入 IPTG,终浓度为 1 mmol/L,37 ℃诱导培养 3～5 h(如果选择 25 ℃诱导培养,则培养时间为 12 h),取样,置于冰上待用。

(4)上述样品经 10000 r/min 离心 1 min,弃去上清,收集菌体。

(5)取 100 μL 的 1×SDS 上样缓冲液重悬菌体,充分混匀,100 ℃水浴加热 3～5 min,冷却后,10000 r/min 离心 1 min,准备上样。

2.聚丙烯酰胺凝胶电泳的制备与电泳分析

(1)夹心式垂直板电泳槽的安装　将玻璃板洗干净,烘干,安装,用 1%的琼脂糖封闭玻璃板边缘。

(2)分离胶的配制　配制 12%的分离胶 15 mL(5.1 mL ddH_2O,3.75 mL 1.5mol/L Tri-HCl pH8.8,0.15 mL 10% SDS,6 mL 30%丙烯酰胺/0.8% N,N′-亚甲双丙烯酰胺溶液,75 μL10%过硫酸铵,75 μL TEMED,其中 TEMED 临用时才加入,以下同),混匀后将其迅速灌入竖立的封闭玻板中,留出上层灌注浓缩胶的空间(梳子高度再加 1 cm)。加 1～2 mL 水覆盖分离胶,待分离胶与水层间出现界面,说明分离胶已凝固,将水倒尽并倒置。

(3)浓缩胶的配制　配制 4%的浓缩胶 5 mL(3 mL ddH_2O,1.25 mL 4×分离胶缓冲液,0.65 mL 30%丙烯酰胺/0.8%N,N′-亚甲双丙烯酰胺溶液,25 μL 10%过硫酸铵,15 μL TEMED),混匀后,将其迅速灌入玻璃板夹层的分离胶上,插入梳子。当浓缩胶凝固后,取出梳子,将玻板夹装上电泳槽,加入 Tris-甘氨酸电泳缓冲液(25 mmol/L Tri-HCl,192 mmol/L 甘氨酸,0.1% SDS)。

(4)上样与电泳　拔出梳子,用电极缓冲液冲洗点样孔,点样,接通电源,恒流(10 mA/cm)电泳。待样品进入分离胶后,电流加至 15 mA/cm。约经过 1～3 h 的电泳,溴酚蓝到达分离胶底部,结束电泳。

(5)染色和脱色　取下玻板,将凝胶浸泡于 5 倍凝胶体积的考马斯亮蓝染色液中,在室温下轻轻摇动,染色 60 min,将凝胶转移至脱色液中,用去离子水清洗凝胶,如此重复两次。

(6)然后倒入适量的去离子水,微波加热 30 min,此时即可看清凝胶的蛋白条带。重复以上脱色步骤一次,直到蓝色背景全部褪去,电泳条带清晰。

五、实验报告

(1)根据结果,简单明了地写出外源基因诱导表达的实验步骤以及注意事项。

(2)详细描述每一步实验获得的结果,对实验效果和成败进行分析,查找原因,总结经验。

六、思考题

(1)质粒载体 pET-28a(+)调控表达机理是怎样的?大肠杆菌表达质粒的必备调控元件有哪些?

(2)影响外源基因高表达的因素有哪些?

(3)什么是包涵体?

(4)蛋白质电泳过程中,要获得电泳条带清晰的电泳结果,需要注意哪些环节?

(5)哪些因素影响外源基因在大肠杆菌中的高表达?

(四川师范大学 李维 葛芳兰)

实验 24 微生物培养条件的优化

一、实验目的

本实验内容为摇床培养确定酵母菌体培养和营养条件,实验要求掌握微生物发酵培养基确定方法,学会对已确定菌种筛选优化实验室发酵工艺。

二、实验原理

生物量的测定方法有比浊法和直接称重法等。由于酵母在液体深层通气发酵过程中是以均一混浊液的状态存在的,所以可以采用直接比浊法进行测定。某一波长的光线,通过混浊的液体后,其光强度将被减弱。入射光与透过光的强度比与样品液的浊度和液体的厚度相关。如果样品液层厚度一定,则 OD 值与样品的浊度相关,根据此原理,可通过测定样品中的 OD 值来代表培养液中的浊度即微生物量。

三、实验器材

菌种:酿酒酵母(*Saccharomyces cerevisiae*)。

仪器及器具:全自动恒温振荡培养箱,分光光度计。

四、实验步骤

(1)制备菌悬液:把无菌水倒入斜面菌种中,小心刮下培养基表面酵母细胞,打散,倒入无菌管备用(如不满足接种要求的量,则可适当稀释)。

(2)培养基的配制:见表3-5、3-6。

表3-5 正交表实验设计

因素 / 水平	葡萄糖	蔗糖	酵母膏	KH_2PO_4
1	1.0	0.0	0.5	0.5
2	2.0	1.0	1.0	1.0
3	3.0	2.0	2.0	2.0

表3-6 正交表实验方案

因素 / 实验号	葡萄糖 (A)	蔗糖 (B)	酵母膏 (C)	KH_2PO_4 (D)	生物量(OD)
1	(1)	(1)	(1)	(1)	
2	(1)	(2)	(2)	(2)	
3	(1)	(3)	(3)	(3)	
4	(2)	(1)	(2)	(3)	
5	(2)	(2)	(3)	(1)	
6	(2)	(3)	(1)	(2)	
7	(3)	(1)	(3)	(2)	
8	(3)	(2)	(1)	(3)	
9	(3)	(3)	(2)	(1)	

(3)将上述培养基配制好以后,每250 mL三角瓶装入培养基50 mL,于121 ℃下灭菌30 min,冷却。

(4)接种:冷却后接种(接种量为4%),置于28 ℃恒温摇床中(150 r/min)进行培养。

(5)测OD值:将接种0 h、12 h、24 h、36 h后的菌悬液摇均匀后于560 nm波长、1 cm比色皿中测定OD值。比色测定时,用未接种的培养基作空白对照。

五、实验报告

将OD值填入表3-6中,通过正交实验直观分析和方差分析得到各营养因子显著程度,并最终确定最佳培养基的组成及最佳发酵时间。

六、注意事项

培养时摇瓶中的液体不宜过多，以防培养液由于酵母产气造成溢出。

七、思考题

本实验为什么要采用波长560 nm测定OD值？如果换成测定大肠杆菌的OD值，则怎样选择测定波长？

（乐山师范学院　龚明福　王燕）

附　录

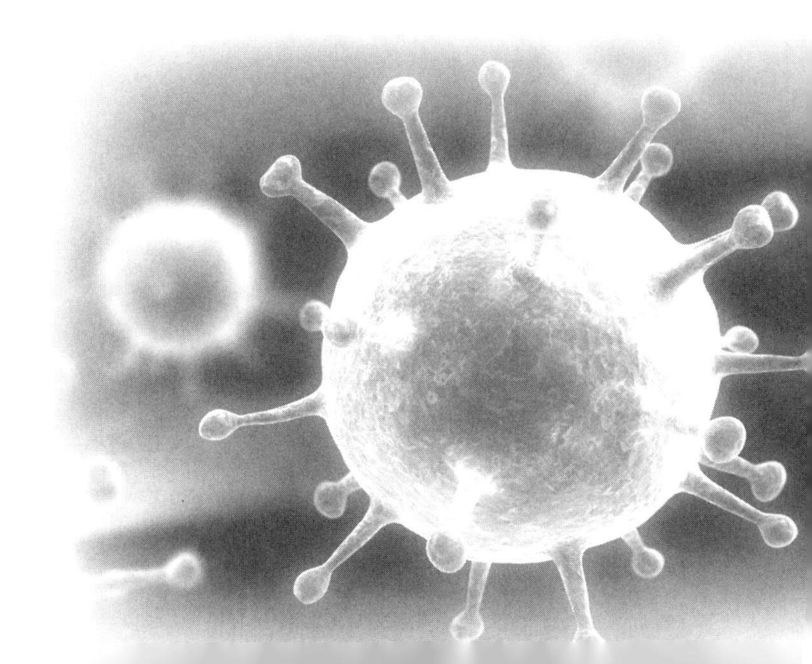

附录 1　教学常用菌种

序号	学 名	菌种名称
1	*Aspergillus niger*	黑曲霉
2	*Aspergillus* sp.	曲霉
3	*Aspergillus flavus*	黄曲霉
4	*Aspergillus parasiticus*	寄生曲霉
5	*Alcaligenes faecalis*	粪产碱杆菌
6	*Azotobacter chroococcum*	圆褐固氮菌(褐球固氮菌)
7	*Alcaligenes viscolactis*	黏乳产碱杆菌
8	*Bacillus cereus*	蜡状芽孢杆菌
9	*Bacillus licheniformis*	地及芽孢杆菌
10	*Bacillus mucilaginosus*	胶冻样芽孢杆菌(胶质芽孢杆菌)
11	*Bacillus mycoides*	蕈状芽孢杆菌
12	*Bacillus subtilis*	枯草芽孢杆菌
13	*Bacillus sphaericus*	球形芽孢杆菌
14	*Bacillus stearothermophilus*	嗜热脂肪芽孢杆菌
15	*Bacillus thuringiensis*	苏云金芽孢杆菌
16	*Candida* spp.	假丝酵母
17	*Candida albicaus*	白假丝酵母
18	*Ceotrichum candidum*	白地霉
19	*Clostridium butyricum*	丁酸梭菌
20	*Corynebacterium xerosis*	干燥棒杆菌
21	*Escherichia coli*	大肠埃希氏菌
22	*Enterobacter aerogenes*	产气肠杆菌
23	*Halobacterium salinarium*	盐沼盐杆菌
24	*Halobacterium halobium*	盐生盐杆菌
25	Influenza virus A	A 型流感病毒
26	*Lactobaeillus bulgaricus*	保加利亚乳杆菌
27	*Micrococcus luteus*	藤黄微球菌
28	*Mucor* sp.	毛霉
29	*Mycobacteium phlei.*	草分枝杆菌
30	*Newcastle-distase virus*	鸡新城疫病毒

31	*Penicillium* sp.	青霉
32	*Penicillium chrysogenum*	产黄青霉
33	*Penicillium griseofuvum*	灰棕黄青霉
34	*Pleurotus ostreatus*	侧耳(平菇)
35	*Proteus vulgaris*	普通变形杆菌
36	*Pseudomonas* sp.	假单胞菌
37	*Pseudomonas aeruginosa*	铜绿假单胞菌
38	*Pseudomonas savastanoi*	萨氏假单胞菌
39	*Rhizopus* sp.	根霉
40	*Saccharomyces carlsbergensis*	卡尔酵母(啤酒酵母)
41	*Saccharomyces cerevisiae*	酿酒酵母
42	*Serratia marcescens*	黏质沙雷氏菌
43	*Staphylococcus albus*	白色葡萄球菌
44	*Staphylococcus aureus*	金黄色葡萄球菌
45	*Streptomyces fradiae*	弗氏链霉菌
46	*Streptomyces glauca*	青色链霉菌
47	*Streptomyces glaucus*	青色链霉菌
48	*reptomyces griseus*	灰色链霉菌
49	*Streptomyces microflavus*(5406)	细黄链霉菌(5406 放线菌)
50	*Vaccinia virus*	痘苗病毒(牛痘病毒)

附录 2 常用培养基的配制

一、牛肉膏蛋白胨培养基(培养细菌用)

牛肉膏	3 g
蛋白胨	10 g
NaCl	5 g
琼脂	15～20 g
水	1000 mL
pH	7.0～7.2

121 ℃灭菌 20 min。

二、高氏(Gause)Ⅰ号培养基(培养放线菌用)

可溶性淀粉	20 g
KNO_3	1 g
NaCl	0.5 g

K_2HPO_4	0.5 g
$MgSO_4$	0.5 g
$FeSO_4$	0.01 g
琼脂	20 g
水	1000 mL
pH	7.2～7.4

配制时，先用少量冷水，将淀粉调成糊状，倒入煮沸的水中，在火上加热，边搅拌边加入其他成分，溶化后，补足水分至1000 mL。121 ℃灭菌20 min。

三、察氏(Czapek)培养基(培养霉菌用)

$NaNO_3$	2 g
K_2HPO_4	1 g
KCl	0.5 g
$MgSO_4$	0.5 g
$FeSO_4$	0.01 g
蔗糖	30 g
琼脂	15～20 g
水	1000 mL
pH	自然

121 ℃灭菌20 min。

四、马丁氏(Martin)琼脂培养基(分离真菌用)

葡萄糖	10 g
蛋白胨	5 g
KH_2PO_4	1 g
$MgSO_4 \cdot 7H_2O$	0.5 g
1/3000孟加拉红(rose bengal，玫瑰红水溶液)	100 mL
琼脂	15～20 g
pH	自然
蒸馏水	800 mL

121 ℃灭菌30 min。

临用前加入0.03%链霉素稀释液100 mL，使每毫升培养基中含链霉素30 μg。

五、马铃薯培养基(简称PDA，培养真菌用)

马铃薯	200 g
蔗糖(或葡萄糖)	20 g
琼脂	15～20 g
水	1000 mL
pH	自然

马铃薯去皮，切成小块煮沸半小时，然后用纱布过滤，再加糖及琼脂，溶化后补足水至 1000 mL。121 ℃灭菌 30 min。

六、麦芽汁琼脂培养基

(1)取大麦或小麦若干，用水洗净，浸水 6～12 h，置 15 ℃阴暗处发芽，上盖纱布一块，每日早、中、晚淋水一次，麦根伸长至麦粒的两倍时，即停止发芽，摊开晒干或烘干，储存备用。

(2)将干麦芽磨碎，1 份麦芽加 4 份水，在 65 ℃水浴锅中糖化 3～4 h，糖化程度可用碘滴定之。

(3)将糖化液用 4～6 层纱布过滤，滤液如浑浊不清，可用鸡蛋白澄清，方法是将一个鸡蛋白加水约 20 mL，调匀至生泡沫时为止，然后倒在糖化液中搅拌煮沸后再过滤。

(4)将滤液稀释到 5～6 波美度，pH 约 6.4，加入 2%琼脂即成。121.3 ℃灭菌 20 min。

七、无氮培养基(自生固氮菌、钾细菌)

甘露醇(或葡萄糖)	10 g
K_2HPO_4	0.2 g
$MgSO_4 \cdot 7H_2O$	0.2 g
NaCl	0.2 g
$CaSO_4 \cdot 2H_2O$	0.2 g
$CaCO_3$	5.0 g
蒸馏水	1000 mL
pH	7.0～7.2

113 ℃灭菌 30 min。

八、半固体肉膏蛋白胨培养基

肉膏蛋白胨液体培养基	100 mL
琼脂	0.35～0.4 g
pH	7.6

121 ℃灭菌 20 min。

九、合成培养基

$(NH_4)_3PO_4$	1 g
KCl	0.2 g
$MgSO_4 \cdot 7H_2O$	0.2 g
豆芽汁	10 mL
琼脂	20 g
蒸馏水	1000 mL
pH	7.0

加 12 mL 0.04%的溴甲酚紫(pH 5.2～6.8,颜色由黄色变紫色,作指示剂)。121 ℃灭菌 20 min。

十、豆芽汁蔗糖(或葡萄糖)培养基

黄豆芽	100 g
蔗糖(或葡萄糖)	50 g
水	1000 mL
pH	自然

称新鲜豆芽 100 g,放入烧杯中,加水 1000 mL,煮沸约 30 min,用纱布过滤。用水补足原量,再加入蔗糖(或葡萄糖)50 g,煮沸溶化。121 ℃灭菌 20 min。

十一、油脂培养基

蛋白胨	10 g
牛肉膏	5 g
NaCl	5 g
香油或花生油	10 g
1.6%中性红水溶液	1 mL
琼脂	15～20 g
蒸馏水	1000 mL
pH	7.2

121 ℃灭菌 20 min。

注:(1)不能使用变质油。

(2)油和琼脂及水先加热。

(3)调好 pH 后,再加入中红性。

(4)分装时,需不断搅拌,使油均匀分布于培养基中。

十二、淀粉培养基

蛋白胨	10 g
NaCl	5 g
牛肉膏	5 g
可溶性淀粉	2 g
蒸馏水	1000 mL
琼脂	15～20 g

121 ℃灭菌 20 min。

十三、明胶培养基

牛肉膏蛋白胨液	100 mL
明胶	12～18 g
pH	7.2～7.4

在水浴锅中将上述成分融化，不断搅拌。融化后调 pH7.2～7.4。121 ℃灭菌 20 min。

十四、蛋白胨水培养基

蛋白胨	10 g
NaCl	5 g
蒸馏水	1000 mL
pH	7.6

121 ℃灭菌 20 min。

十五、糖发酵培养基

蛋白胨水培养基	1000 mL
1.6%的溴甲酚紫乙醇溶液	1～2 mL
pH	7.6

另配 20%糖溶液(葡萄糖、乳糖、蔗糖等)各 10 mL。

制法：

(1)将上述含指示剂的蛋白胨水培养基(pH 7.6)分装于试管中，在每管内放一倒置的小玻璃管(Durhamtube)，使充满培养液。

(2)将已分装好的蛋白胨水和 20%的各种糖溶液分别灭菌，蛋白胨水 121 ℃灭菌 20 min；糖溶液 112 ℃灭菌 30 min。

(3)灭菌后，每管以无菌操作分别加入 20%的无菌糖溶液 0.5 mL(按每 10 mL 培养基中加入 20%的糖溶液 0.5 mL，则成 1%的浓度)。

配制用的试管必须洗干净，避免结果混乱。

十六、葡萄糖蛋白胨水培养基

蛋白胨	5 g
葡萄糖	5 g
K_2HPO_4	2 g
蒸馏水	1000 mL

将上述各成分溶于 1000 mL 水中，调 pH 7.0～7.2，过滤。分装试管，每管 10 mL，112 ℃灭菌 30 min。

十七、麦氏(Meclary)琼脂(酵母菌)

葡萄糖	1 g
KCl	1.8 g
酵母浸膏	2.5 g
醋酸钠	8.0 g
琼脂	15～20 g
蒸馏水	1000 mL

115 ℃灭菌 30 min。

十八、柠檬酸盐培养基

$NH_4H_2PO_4$	1 g
K_2HPO_4	1 g
NaCl	5 g
$MgSO_4$	0.2 g
柠檬酸钠	2 g
琼脂	15～20 g
蒸馏水	1000 mL
1%溴香草酚蓝乙醇液	10 mL

将上述各成分加热溶解后，调 pH 6.8，然后加入指示剂，摇匀，用脱脂棉过滤。制成后为黄绿色，分装试管，121 ℃灭菌 20 min，然后制成斜面。注意配制时控制好 pH，不过滤，以黄绿色为准。

十九、醋酸铅培养基

pH7.4 牛肉膏蛋白胨琼脂	100 mL
硫代硫酸钠	0.25 g
10%醋酸铅水溶液	1 mL

将牛肉膏蛋白胨琼脂培养基 100 mL 加热溶解，待冷至 60 ℃时加入硫代硫酸钠 0.25 g，调 pH 7.2，分装于三角烧瓶中，115 ℃灭菌 15 min。取出后待冷至 55～60 ℃，加入 10%醋酸铅水溶液(无菌的)1 mL。混匀后倒入灭菌试管或平板中。

二十、血琼脂培养基

pH7.6 的牛肉膏蛋白胨琼脂	100 mL
脱纤维羊血(或兔血)	10 mL

将牛肉膏蛋白胨琼脂加热融化，待冷至 50 ℃时，加入脱纤维羊血(或兔血)摇匀后倒平板或制成斜面。37 ℃培养过夜，检查无菌生长即可使用。

注：无菌脱纤维羊血(或兔血)的制备：用配备 18 号针头的注射器以无菌操作抽取全血，并立即注射入装有无菌玻璃珠(约 3 mm)的无菌三角瓶中，摇动三角瓶 10 min 左右，形成的纤维蛋白块会沉淀在玻璃珠上，把含血细胞和血清的上清液倾入无菌容器即得脱纤维羊血(或兔血)，置冰箱备用。

二十一、玉米粉蔗糖培养基

玉米粉	60 g
KH_2PO_4	3 g
维生素 B_1	100 mg
蔗糖	10 g
$MgSO_4 \cdot 7H_2O$	1.5 g
水	1000 mL

121 ℃灭菌 30 min，维生素 B_1 单独灭菌 15 min 后另加。

二十二、酵母膏麦芽汁琼脂

麦芽粉	3 g
酵母浸膏	0.1 g
水	1000 mL

121 ℃灭菌 20 min。

二十三、玉米粉综合培养基

玉米粉	5 g
KH_2PO_4	0.3 g
酵母浸膏	0.3 g
葡萄糖	1 g
$MgSO_4 \cdot 7H_2O$	0.15 g
水	1000 mL

121 ℃灭菌 30 min。

二十四、棉籽壳培养基

棉籽壳 50%，石灰粉 1%，水 65%～75%，按比例称好料，充分拌均匀后装瓶。

二十五、品红亚硫酸钠培养基(远藤氏培养基)

蛋白胨	10 g
乳糖	10 g
K_2HPO_4	3.5 g
琼脂	17 g
蒸馏水	1000 mL
无水亚硫酸钠	5 g
5%碱性品红乙醇溶液	20 mL

先将琼脂加入 900 mL 蒸馏水中，加热溶解，再加入磷酸氢二钾及蛋白胨，使溶解，补足蒸馏水至 1000 mL，调 pH 至 7.2～7.4。加入乳糖，混匀溶解后，115 ℃灭菌 20 min。称取亚硫酸钠置一无菌空试管中，加入无菌水少许使之溶解，再在水浴中煮沸 10 min，然后立即滴加于 20 mL 5%碱性品红乙醇溶液中，直至深红色褪成淡粉红色为止。将此亚硫酸钠与碱性品红的混合液全部加至上述已灭菌的并仍保持熔化状态的培养基中，充分混匀，倒平板，放冰箱备用。贮存时间不宜超过 2 周。

二十六、伊红美蓝培养基(EMB 培养基)

蛋白胨水琼脂培养基	100 mL
20%乳糖溶液	2 mL

2%伊红水溶液　　2 mL
0.5%美蓝水溶液　　1 mL

将已灭菌的蛋白胨水琼脂培养基(pH7.6)加热融化，冷却至60 ℃左右时，再把已灭菌的乳糖溶液、伊红水溶液及美蓝水溶液按上述量以无菌操作加入。摇匀后，立即倒平板。乳糖在高温灭菌时易被破坏，必须严格控制灭菌温度，115 ℃灭菌20 min。

二十七、乳糖蛋白胨培养液

蛋白胨　　10 g
牛肉膏　　3 g
乳糖　　5 g
NaCl　　5 g
1.6%的溴甲酚紫乙醇溶液　　1 mL
蒸馏水　　1000 mL

将蛋白胨、牛肉膏、乳糖及NaCl加热溶解于1000 mL蒸馏水中，调pH至7.2～7.4。加入1.6%的溴甲酚紫乙醇溶液1 mL，充分混匀，分装于有小试管的试管中。115 ℃灭菌20 min。

二十八、石蕊牛奶培养基

牛奶粉　　100 g
石蕊　　0.075 g
水　　1000 mL
pH　　6.8

121 ℃灭菌15 min。

二十九、LB(Luria-Bertani)培养基

蛋白胨　　10 g
酵母膏　　5 g
NaCl　　10 g
蒸馏水　　1000 mL
pH　　7.0

121 ℃灭菌20 min。

三十、基本培养基

K_2HPO_4　　10.5 g
KH_2PO_4　　4.5 g
$(NH_4)_2SO_4$　　1 g
柠檬酸钠·2 H_2O　　0.5 g
蒸馏水　　1000 mL

需要时灭菌后加入。

糖(20%)　　10 mL

维生素 B_1(硫胺素)(1%)	1 mL
$MgSO_4 \cdot 7H_2O$(20%)	0.15 mL

链霉素(50 mg/ mL)4 mL,终质量浓度 200 μg/mL

氨基酸(10 mg/ mL)4 mL,终质量浓度 40 μg/mL

pH	自然

121 ℃灭菌 20 min。

三十一、马铃薯牛乳培养基

马铃薯(去皮)	200 g 煮出汁
脱脂鲜乳	100 mL
酵母膏	5 g
琼脂粉	15 g
加水至	1000 mL
pH	7.0

121 ℃灭菌 20 min。制平板培养基时,牛乳与其他成分分开灭菌,倒平板前再混合。

三十二、尿素琼脂培养基

尿素	20 g
琼脂	15 g
NaCl	5 g
KH_2PO_4	2 g
蛋白胨	1 g
酚红	0.012 g
蒸馏水	1000 mL
pH	6.6~7.0

培养基的制备:在蒸馏水或去离子水 100 mL 中,加入上述所有成分(除琼脂外)。混合均匀,过滤灭菌。将琼脂加入 900 mL 蒸馏水或去离子水中,加热煮沸腾。121 ℃灭菌 15 min。冷却至 50 ℃,加入灭菌好的基本培养基,混匀后,分装于灭菌的试管中,放在倾斜位置上使其凝固。

三十三、胰胨豆胨(tryptic soy broth)培养基

胰蛋白胨	17 g
豆胨(soytone)	3 g
NaCl	5 g
右旋糖(葡萄糖)	2.5 g
K_2HPO_4	2.5 g
蒸馏水	1000 mL
pH	根据需要调节

121 ℃灭菌 20 min。

三十四、BPA 培养基

牛肉膏	5 g
蛋白胨	10 g
乙酸钠	34 g
水	1000 mL
pH	7.2～7.4

121 ℃灭菌 20 min。

三十五、BP 培养基

牛肉膏	3 g
蛋白胨	5 g
NaCl	5 g
琼脂	18 g
水	1000 mL
pH	自然

121 ℃灭菌 20 min。

三十六、豆汁斜面和平板培养基

5Bé 豆浆 1000 mL，可溶性淀粉 20 g，硫酸镁[$MgSO_4(7H_2O)$]0.5 g，磷酸二氢钾(KH_2PO_4)1 g，硫酸铵[$(NH_4)_2SO_4$]0.5 g，琼脂 20 g，pH 自然。121 ℃湿热灭菌 30 min。斜面培养基试管摆斜面，平板培养基待培养基冷却至约 60 ℃时，倒入 90 mm 平板中，备用。

三十七、酪素蛋白透明圈培养基

称磷酸氢二钠[$Na_2HPO_4(7H_2O)$]1.07 g 及干酪素 4 g，磷酸二氢钾(KH_2PO_4) 0.36 g，加适量水溶解，加入 1.5%琼脂融化后定容至 900 mL，与 $BaCl_2$ 4.0 g(以 100 mL 蒸馏水)分别灭菌，稍冷后，混合并倒平板。

三十八、高产蛋白酶菌种摇瓶复筛培养基

称取麸皮 80 g，豆饼粉(或面粉)20 g，加水 95～110 mL(称为润水)，水含量以手捏后指缝有水但不滴下为宜，于 250 mL 三角瓶中装入 10 g 左右(干料，料厚 1～1.5 cm)，121 ℃湿热灭菌 30 min。

三十九、细菌基本培养基(MM)

葡萄糖	0.5 g
$(NH_4)_2SO_4$	0.2 g
柠檬酸钠	0.1 g
$K_2HPO_4 \cdot 3H_2O$	0.4 g

KH_2PO_4	0.6 g
$MgSO_4 \cdot 7H_2O$	0.02 g
蒸馏水	100 mL
pH	7.0

如需配制固体完全培养基时，则需在上述液体培养基中加入2%琼脂。

四十、细菌完全培养基(CM)

蛋白胨	1 g
葡萄糖	0.5 g
酵母粉	0.3 g
牛肉膏	0.3 g
$MgSO_4 \cdot 7H_2O$	0.2 g
蒸馏水	100 mL
pH	7.2

如需配制固体完全培养基时，则需在上述液体培养基中加入2%琼脂。

四十一、完全再生培养基(CMR)

蛋白胨	1 g
葡萄糖	0.5 g
酵母粉	0.5 g
牛肉膏	0.5 g
NaCl	0.5 g
蔗糖	0.5 mol/L
$MgCl_2$	20 mol/L
蒸馏水	100 mL
pH	7.0

如配上层固体培养基，需在上述液体培养基中加入0.6%琼脂；如需配底层固体培养基，则需加入2%琼脂。

四十二、再生补充培养基(SMR)

在基本培养基中加入20 μg/mL腺嘌呤、0.5 mol/L蔗糖及2%纯化琼脂。

附录3　常用染色液的配制

一、吕氏(Loeffler)碱性美蓝染液

A液：美蓝(methylene blue)　　0.6 g

95%乙醇	30 mL
B液:KOH	0.01 g
蒸馏水	100 mL

分别配置A液和B液,配好后混合即可。

二、齐氏(Ziehl)石炭酸复红染液

A液:碱性复红(basic fuchsin)	0.3 g
95%乙醇	10 mL
B液:石炭酸	5 g
蒸馏水	95 mL

将碱性复红在研钵中研磨后,逐渐加入95%乙醇,继续研磨使其溶解,配成A液。

将石炭酸溶解于水中,配成B液。混合A液及B液即成。通常可将此混合液稀释5~10倍使用,稀释液易变质失效,一次不宜多配。

三、革兰氏(Gram)染液

1. 草酸铵结晶紫染液

A液:结晶紫(crystal violet)	2 g
95%乙醇	20 mL
B液:草酸铵(ammonium oxlate)	0.8 g
蒸馏水	80 mL

混合A、B二液,静置48 h后使用。

2. 卢戈氏(Lugol)碘液

碘片	1 g
碘化钾	2 g
蒸馏水	300 mL

先将碘化钾溶解在少量水中,再将碘片溶解在碘化钾溶液中,待碘全溶后,加足水分。

3. 95%乙醇溶液

4. 番红复染液

番红(safranineo)	2.5 g
95%乙醇	100 mL

取上述配好的番红乙醇溶液10 mL与80 mL蒸馏水混匀即成。

四、芽孢染色液

1. 孔雀绿染液

孔雀绿(malachite green)	5 g
蒸馏水	100 mL

2. 番红水溶液

番红	0.5 g

蒸馏水　　100 mL

3. 苯酚品红溶液

碱性品红　　11 g

无水乙醇　　100 mL

取上述溶液 10 mL 与 100 mL 5%的苯酚溶液混合，过滤备用。

4. 黑色素(nigrosin)溶液

水溶性黑色素　　10 g

蒸馏水　　100 mL

称取 10 g 黑色素溶于 100 mL 蒸馏水中，置沸水浴中 30 min 后，滤纸过滤两次，补加水到 100 mL，加 0.5 mL 甲醛，备用。

五、荚膜染色液

1. 黑色素水溶液

黑色素　　5 g

蒸馏水　　100 mL

福尔马林(40%甲醛)　　0.5 mL

将黑色素在蒸馏水中煮沸 5 min，然后加入福尔马林作防腐剂。

2. 番红染液

与革兰氏染液中番红复染液相同。

六、鞭毛染色液

1. 硝酸银鞭毛染色液

A 液：单宁酸　　5 g

$FeCl_3$　　1.5 g

蒸馏水　　100 mL

福尔马林(15%)　　2 mL

NaOH(1%)　　1 mL

冰箱内可保存 3～7 d，延长保存期会产生沉淀，但用滤纸除去沉淀后，仍能使用。

B 液：$AgNO_3$　　2 g

蒸馏水　　100 mL

将 $AgNO_3$ 溶解后，取出 10 mL 备用，向其余的 90 mL $AgNO_3$ 中滴入浓 NH_4OH，使之成为很浓的悬浮液，再继续滴加 NH_4OH，直到新形成的沉淀又重新刚刚溶解为止。再将备用的 10 mL $AgNO_3$ 慢慢滴入，则出现薄雾状沉淀，但轻轻摇动后，薄雾状沉淀又消失，再滴加 $AgNO_3$，直到摇动后仍呈现轻微而稳定的薄雾状沉淀为止。冰箱保存通常 10 d 内仍可用。若雾重，银盐沉淀出，不宜使用。

2. Leifson 氏鞭毛染色液

A 液：碱性复红　　1.2 g

95%乙醇　　100 mL

B 液：单宁酸　　3 g

蒸馏水	100 mL
C 液:NaCl	1.5 g
蒸馏水	100 mL

临用前将 A、B、C 液等量混合均匀后使用。3 种溶液分别于室温保存可保留几周,若分别置冰箱保存,可保存数月。混合液装密封瓶内置冰箱几周仍可用。

七、富尔根氏核染色液

1. Schiff 试剂

将 1 g 碱性复红加入 200 mL 煮沸的蒸馏水中,振荡 5 min,冷至 50 ℃左右过滤,再加入 1 mol/L HCl 20 mL,摇匀。等冷至 25 ℃时,加偏重亚硫酸钠 3 g,摇匀后装在棕色瓶中,用黑纸包好,放置暗处过夜,此时实际应为淡黄色(如为粉红色则不能用),再加中性活性炭过滤,滤液振荡 1 min 后,再过滤,将此滤液置冷暗处备用。

在整个操作过程中所用的一切器材都需十分洁净,干燥,以消除还原性物质。

2. Schandium 固定液

A 液:饱和升汞水溶液

50 mL 汞水溶液加 95%乙醇 25 mL 混合即可。

B 液:冰醋酸

取 A 液 9 mL+B 液 1 mL,混匀后加热至 60 ℃。

3. 亚硫酸水溶液

10%偏重亚硫酸钠水溶液 5 mL,1 mol/L HCl 5 mL,加蒸馏水 100 mL 混合即得。

八、乳酸石炭酸棉蓝染液

石炭酸	10 g
乳酸(相对密度 1.21)	10 mL
甘油	20 mL
蒸馏水	10 mL
棉蓝	0.02 g

将石炭酸加在蒸馏水中加热溶解,然后加入乳酸和甘油,最后加入棉蓝,使其溶解即成。

九、瑞氏(Wright)染色液

瑞氏染料粉末	0.3 g
甘油	3 mL
甲醇	97 mL

将染料粉末置于干燥的乳钵内研磨,先加甘油,后加甲醇,放玻璃瓶中过夜,过滤即可。

十、美蓝染液

在盛有 52 mL 95%乙醇和 44 mL 四氯乙烷的三角烧瓶中,慢慢加入 0.6 g 氯化镁蓝

(methylene blue chloride),旋摇三角烧瓶,使其溶解。放在 5~10 ℃下,12~24 h,然后加入 4 mL 冰醋酸。用质量好的滤纸如 Whatman No42 或与之同质量的滤纸过滤。贮存于清洁的密闭容器中。

十一、姬姆萨(Giemsa)染液

姬姆萨染液	0.5 g
甘油	33 mL
甲醇	33 mL

将姬姆萨染料研细,然后加入甘油,边加边研磨,最后加入甲醇混匀,放于 56 ℃下,16~24 h 后,即为姬姆萨贮存液。临用前在 1 mL 姬姆萨贮存液中加入 pH 7.2 的磷酸缓冲液 20 mL,配成使用液。

十二、Jenner (May-Grunwald)染液

0.25 g Jenner 染料经研细后加甲醇 100 mL。

十三、萘酚蓝黑-卡宝品红染液

A 液(萘酚蓝黑液):萘酚蓝黑	1.5 g
醋酸	10 mL
蒸馏水	40 mL
B 液(卡宝品红液):卡宝品红	1 g
95%乙醇	10 mL
蒸馏水	90 mL

使用时配成 30%水溶液。

附录 4　常用试剂和溶液的配制

一、3%酸性乙醇溶液

浓盐酸	3 mL
95% 乙醇	97 mL

二、中性红指示剂

中性红	0.04 g
95% 乙醇	28 mL
蒸馏水	28 mL

中性红 pH 6.8~8.0,颜色由红变黄,常用质量浓度为 0.04%。

三、淀粉水解试验用碘液(卢戈氏碘液)

碘片	1 g
碘化钾	2 g
蒸馏水	300 mL

先将碘化钾溶解在少量水中,再将碘片溶解在碘化钾溶液中,待碘全溶后,加足水即可。

四、溴甲酚紫指示剂

溴甲酚紫	0.04 g
0.01 mol/L NaOH	7.4 g
蒸馏水	92.6 mL

溴甲酚紫 pH 5.2～6.8,颜色由黄变紫,常用质量浓度为0.04%。

五、溴麝香草酚蓝指示剂

溴麝香草酚蓝	0.04 g
0.01 mol/L NaOH	6.4 mL
蒸馏水	93.6 mL

溴麝香草酚蓝 pH 6.0～7.6,颜色由黄变蓝,常用质量浓度为0.04%。

六、甲基红试剂

甲基红(methyl red)	0.04 g
95% 乙醇	60 mL
蒸馏水	40 mL

先将甲基红溶于95% 乙醇中,然后加入蒸馏水即可。

七、V. P. 试剂

1. 5% α-萘酚无水乙醇溶液

α-萘酚	5 g
无水乙醇	100 mL

2. 40% KOH 溶液

KOH	40 g
蒸馏水	100 mL

八、吲哚试剂

对甲基氨基苯甲醛	2 g
95% 乙醇	190 mL
浓盐酸	40 mL

九、格里斯氏(Griess)试剂

A 液:对氨基苯磺酸	0.5 g
10%稀醋酸	150 mL
B 液:α-萘酚	0.1 g
蒸馏水	20 mL
10%稀醋酸	150 mL

十、二苯胺试剂

二苯胺 0.5 g 溶于 100 mL 浓硫酸中,用 20 mL 蒸馏水稀释。

十一、阿氏(Alsever)血液保存液

柠檬酸三钠·$2H_2O$	8 g
柠檬酸	0.5 g
无水葡萄糖	18.7 g
NaCl	4.2 g
蒸馏水	1000 mL

将各成分溶解于蒸馏水后,用滤纸过滤,分装,115 ℃灭菌 20 min,冰箱保存备用。

十二、福林试剂

称取 50 g 钨酸钠,12.5 g 钼酸钠,置于 1000 mL 圆底烧瓶中,加 350 mL 水,25 mL 85%磷酸,50 mL 浓盐酸,文火微沸回流 10 h,取下回流冷凝器,加 50 g 硫酸锂和 25 mL 水,混匀后,加溴水脱色,再微沸 15 min,驱除残余的溴,溶液应呈黄色而非绿色。若溶液仍有绿色,需要再加几滴溴液,再煮沸除去之。冷却后用 4 号耐酸玻璃过滤器抽滤,滤液用水稀释至 500 mL,置于棕色瓶中保存。使用时,用 1∶2 稀释。

十三、pH8.5 离子强度 0.075 mol/L 巴比妥缓冲液

巴比妥	2.76 g
巴比妥钠	15.45 g
蒸馏水	1000 mL

十四、5×Tris-甘氨酸电泳缓冲液

称取 15.1 g Tris,94.0 g Gly 和 5.0 g SDS,加入约 800 mL 去离子水,搅拌溶解,加去离子水定容至 1000 mL,室温保存。

十五、TE 缓冲液

Tris-HCl(pH8.0)	10 mmol/L
EDTA(pH8.0)	1 mmol/L

121 ℃灭菌 15 min,4 ℃贮存。

十六、TAE电泳缓冲液(50倍浓贮存液100 mL)

Tris碱	242 g
冰醋酸	57.1 mL
0.5 mol/L EDTA(pH8.0)	100 mL

使用时用双蒸馏水稀释50倍。

十七、凝胶加样缓冲液100 mL

溴酚蓝	0.25 g
蔗糖	40 g

十八、1 mg/L溴化乙啶(ethidium bromide,EB)

溴化乙啶	100 mg
双蒸水	100 m

溴化乙啶为强诱变剂,配制时要戴手套,一般由教师配制好,盛于棕色试剂瓶中,避光4 ℃贮存。

十九、高渗溶液(SMM)

0.5 mol/L蔗糖溶液中加入0.02 mol/L顺丁烯二酸,调整pH为6.5,再加入0.02 mol/L $MgCl_2$,灭菌后使用。

二十、溶菌酶溶液

用无菌高渗溶液SMM将酶活力为4000 U/g的酶配成浓度为100 μg/mL的酶溶液,配制10 mL,现用现配。

附录5　乳酸含量的检测和乳酸菌的镜检

(一)脱脂乳试管制作

直接选用脱脂乳液或按脱脂乳粉与5%蔗糖水1∶10的比例配制,装量以试管的1/3为宜,115 ℃灭菌15 min。

(二)乳酸检测方法

1.乳酸的定性检验

打开发酵瓶盖,闻瓶中有无臭味;测定发酵液pH;吸取乳上清液约10 mL于试管中,加入10% H_2SO_4 1 mL,再加2% $KMnO_4$ 1 mL,此时乳酸转化为乙醛,把事先在含氨的硝酸银溶液中浸泡的滤纸条搭在试管口上，微火加热试管至沸腾，若管口滤纸变黑，则说明有乳酸存在。

2. 定量测定

(1)测定方法：取稀释10倍的酸乳上清液0.2 mL，加至3 mL pH9.0的缓冲液中，再加入0.2 mL NAD溶液，混匀后测定其OD_{340}值为A_1，然后加入0.02 mL L(+)LDH，0.02 mL D(−)LDH，25 ℃保温1 h后测定OD_{340}值为A_2。同时用蒸馏水代替酸乳上清液作对照，测定步骤及条件完全相同，测出的相应值为B_1和B_2。

(2)计算公式：

$$\text{乳酸}/\text{g}(100\ \text{mL})^{-1}=\frac{V\times M\times l\varepsilon\times D}{1000\times\varepsilon\times 1\times Vs}$$

式中：

V—比色液最终体积(3.44 mL)

M—乳酸的克分子质量(90 g/mol)

$l\varepsilon$—$(A_2-A_1)-(B_2-B_1)$

D—稀释倍数(10)

ε—NADH在340 nm吸光系数 $(6.3\times10^3\times1\times\text{mol}^{-1}\times\text{cm}^{-1})$

l—比色皿的厚度(0.1 cm)

Vs—取样体积(0.2 mL)

(3)测定乳酸试剂的配制

(三)酸乳的检查指标

(1)感官指标：酸乳凝块均匀而细腻，色泽均匀，无气泡，有乳酸特有的悦味。

(2)合格的理化指标：如脂肪≥3%，乳总干物质≥11.5%，蔗糖≥5.00%，酸度70～110 T°，Hg$<0.01\times10^{-6}$ mg/mL等。

(3)无致病菌，大肠菌群≤40个/100 mL。

(四)乳酸细菌的显微观察

(1)取发酵液1滴，涂抹在干净的载玻片上，风干后在火焰上微微加热固定，用番红或结晶紫染色1 min，流水冲洗，干燥。

(2)在显微镜下，先用低倍镜、高倍镜，再用油镜观察，注意区分乳酸杆菌和乳酸链球菌。

(四川师范大学　黄春萍　张晓喻)